¿ESTÁ USTED
DE BROMA
MR. DARWIN?

LA RETÓRICA EN EL CORAZÓN DEL DARWINISMO

EMILIO CERVANTES Y GUILLERMO PÉREZ GALICIA

¿ESTÁ USTED DE BROMA MR. DARWIN?

LA RETÓRICA EN EL CORAZÓN DEL DARWINISMO

EMILIO CERVANTES Y GUILLERMO PÉREZ GALICIA

ISBN-13: 978-0692443118 (OIACDI)
ISBN-10: 0692443118

Fecha de publicación: Mayo 3, 2015

Biología

Diseño de portada e interior: Mario A. Lopez

Impreso y encuadernado en Estados Unidos de América.

OIACDI

Organización Internacional para el avance científico del Diseño Intelige

Autores

Emilio Cervantes es doctor en Biología, Científico Titular en el CSIC (IRNASA) y lleva años realizando una crítica metódica del darwinismo desde su blog Biología y Pensamiento en la plataforma de weblog de Madrimasd así como desde diversos artículos y libros publicados en Digital CSIC.

(http://digital.csic.es/browse?type=author&value=Cervantes%2C+Emilio).

Guillermo Pérez Galicia es doctor en Filología Clásica por la Universidad de Salamanca. Experto en Retórica, su tesis Doctoral versó sobre "Retórica y paideia en el helenismo de la Antigüedad tardía: Las cartas de Libanio".

The improver of natural knowledge absolutely refuses to acknowledge authority, as such. For him, skepticism is the highest of duties, blind faith the one unpardonable sin.

TH Huxley. *Aphorisms and Reflections.*

(El mejorador del conocimiento natural rechaza absolutamente reconocer la autoridad, como tal. Para él, el escepticismo es el más alto de los deberes, la fe ciega el único pecado imperdonable.)

-Adorons sans comprendre, dit le curé.
-Soit !, dit Bouvard.

Gustave Flaubert. *Bouvard et Pécuchet.*

(-Adoremos sin entender, dijo el cura.
-Sea!, dijo Bouvard)

La ciencia, que no miente, se ha apoderado de la verdadera, la única ley que hay en el cúmulo de las mentiras seculares: la ley de la lucha por la existencia.

Federico de Roberto. Espasmo.

No es preciso decir que los más sutiles cultivadores de doblepensar son aquellos que lo inventaron y que saben perfectamente que este sistema es la mejor organización del engaño mental.

Orwell. 1984.

Contenido

Apéndices:

1. Presentación

A menudo se representa a Darwin como el fundador de la teoría evolutiva, pero la historia, que es testaruda, aporta abundantes datos y referencias que no están de acuerdo con esta idea de la evolución ordenada a partir de --y en torno a-- su figura. Para empezar, en 1809, cuando nació Darwin, Jean Baptiste de Monet, caballero de Lamarck (1744-1829), a la sazón titular de la cátedra de Zoología de insectos, gusanos y animales microscópicos del Museo Nacional de Historia Natural de París, llevaba ya varios años dando cursos en el *Jardin des Plantes* en los que exponía su teoría sobre la transformación de las especies, desarrollada en sus libros «*Recherche sur l'Organisation des Corps Vivants*» (1802), «*Philosophie Zoologique*» (1809) e «*Histoire Naturelle des animaux sans vertèbres*» (1815).

No fue, pues, Darwin el primero en tratar sobre la transformación de las especies. Es más, su libro titulado El Origen de las Especies por Medio de la Selección Natural o la Supervivencia de las Razas Favorecidas en la Lucha por la Vida (*On the Origin of Species by means of Natural Selection or the Preservation of Favoured Races in the Struggle for Life*), contiene muchas ideas y ejemplos tomados de Lamarck y presentados sin la debida referencia[1]. Sorprende, en relación con esto, leer en una carta de Darwin dirigida al geólogo Leonard Horner el siguiente pasaje: *I always feel as if my books came half out of Lyells's brains & that I never acknowledge this sufficiently,....* (Siento que la

---

[1] El apéndice 1 muestra una serie de textos tomados de El Origen de las Especies «inspirados» en la obra de Lamarck.

mitad de mis libros procede del cerebro de Lyell y que no lo he reconocido suficientemente), porque lo mismo que reconoce haberle pasado con Lyell, parece haberle ocurrido también, e incluso en mayor medida, con Lamarck. Algo falla, puesto que, si es cierto —como reconoce el autor—, que la mitad de su obra procede de Lyell y otro tanto o más pasa con Lamarck, entonces... ¿dónde queda lugar para otras aportaciones evidentes en su obra como son las de Huxley, Malthus, Blyth, Gaertner, etc, etc..? Pierre Flourens (1794-1867), fundador de la neurobiología y secretario perpetuo de la Academia de Ciencias francesa, indica en su libro titulado *Examen du libre de M. Darwin sur l'Origine des Espèces*[2]:

> *Le fait est que Lamarck est le père de M. Darwin. Il a commencé son système.*
>
> *Toutes les idées de Lamarck sont, au fond, celles de M. Darwin. M. Darwin ne le dit pas d'abord; il a trop d'art pour cela. Il effaroucherait son lecteur, et il veut le séduire; mais, quand il juge le moment venu, il le dit nettement et formellement.*
>
> *(El hecho es que Lamarck fue el padre del señor Darwin. Fue él quien comenzó su sistema.*
>
> *Todas las ideas de Lamarck son, básicamente, las de Mr. Darwin. Mr. Darwin no lo dijo primero, él tenía demasiado arte para decirlo. Habría espantado a sus lectores, y lo que quería era*

---

[2] El libro traducido al español y comentado puede verse en el repositorio online del CSIC (Digital CSIC): http://digital.csic.es/bitstream/10261/76630/1/Manual%20par a%20detectar%20la%20impostura%20cient%C3%ADfica.pdf

seducirlos, pero llegado el momento, lo dice clara
y formalmente.)

La evolución no se basa en la obra de Darwin sino en la de Lamarck, pero nuestro objetivo aquí no es hablar de evolución, sino analizar la contribución de Darwin. Si se admite que el haber hecho una primera aproximación a la evolución es mérito de Lamarck, en cuya obra se inspira la de Darwin, ¿en qué consiste entonces la aportación de este autor? Cuando se quiere estudiar la obra de un autor no queda más remedio que leerla a fondo; y esto es lo que hemos hecho. No hemos leído buscando la confirmación de ideas comunes sino que, por el contrario, hemos buscado una novedad que nos ha sorprendido. Hemos leído meditando, de la manera que recomendaba hacerlo Lamarck[3]:

> *Je n'écris point pour ceux qui parcourent les livres nouveaux, presque toujours dans l'intention d'y trouver leurs opinions préconisées ; mais pour le petit nombre de ceux qui lisent, qui méditent profondément, qui aiment l'étude de la Nature, et qui sont capables de sacrifier, même leur propre intérêt, pour la connaissance d'une vérité nouvelle.*
>
> *(No escribo para aquellos que examinan rápidamente los libros nuevos, casi siempre con la intención de hallar en ellos sus ideas preconcebidas, sino para los pocos que leen, que meditan profundamente, que aman el estudio de la naturaleza y son capaces de sacrificar incluso*

---

[3] *http://www.lamarck.cnrs.fr/ouvrages/docpdf/Hydrogeologie.pdf*

sus propios intereses, por el conocimiento de una verdad nueva.)

Hemos tirado la red y, al retirarla, hemos visto cómo el lago se quedaba seco.

Lo que sigue es conclusión de nuestra atenta lectura.

2. **Introducción a la obra de Darwin titulada El Origen de las Especies por medio de la Selección Natural o la Supervivencia de las Razas Favorecidas en la lucha por la Vida.**

Las páginas que siguen contienen el análisis del capítulo cuarto de «El Origen de las Especies por Medio de la Selección Natural o la Supervivencia de las Razas Favorecidas en la Lucha por la Vida» (de aquí en adelante OSMNS), titulado «La Selección Natural o la Supervivencia de los más Aptos», pero la tarea permanecería incompleta si no comentásemos antes algunos aspectos generales sobre tan importante libro, cuya introducción comienza de esta manera:

> *Cuando estaba como naturalista a bordo del Beagle, buque de la marina real, me impresionaron mucho ciertos hechos que se presentan en la distribución geográfica de los seres orgánicos que viven en América del Sur y en las relaciones geológicas entre los habitantes actuales y los pasados de aquel continente. Estos hechos, como se verá en los últimos capítulos de este libro, parecían dar alguna luz sobre el origen de las especies, este misterio de los misterios, como lo ha llamado uno de nuestros mayores filósofos.* [4]

---

[4] *Todos los fragmentos de OSMNS que aparecen en el texto en español han sido tomados de la traducción de Antonio de Zulueta en la Biblioteca Virtual Miguel de Cervantes (http://www.cervantesvirtual.com).*

Pero... ¿qué hay? Nos hemos preguntado, en un intento de reflexionar sobre este párrafo, ¿qué puede haber en los seres que viven en América del Sur que pueda arrojar alguna luz sobre el origen de las especies? Y, si es cierto que hay algo tan importante en ellos, algo exclusivo de los habitantes de América del Sur que vaya a iluminar nuestro conocimiento sobre la evolución, entonces ¿por qué esperar a los últimos capítulos del libro? Ni hechos ni seres orgánicos de Sudamérica aparecen citados en la obra anteriormente a la presentación de su teoría en el capítulo cuarto. Al contrario, la obra comienza con un largo capítulo dedicado a la práctica de ganaderos y agricultores (mejora genética, en inglés *breeding*), sigue con un capítulo exiguo dedicado a la variación en la naturaleza, en el que no se menciona a Linneo ni a las categorías taxonómicas, pero sí se buscan con tesón todo tipo de ejemplos de especies dudosas, para, a continuación, dedicarse en el capítulo tercero a la lucha por la existencia. Con estos mimbres tiene el autor material suficiente para tejer el capítulo cuarto, en el que presenta la parte fundamental de lo que se viene llamando su "Teoría".

Jerry Coyne y Allen Orr comienzan el primer capítulo de su libro titulado *"Speciation"* con la cita del primer párrafo de El Origen para a continuación indicar:

> *So begins the Origin of Species, whose title and first paragraph imply that Darwin will have much to say about speciation. Yet his*

magnum opus remains largely silent on the "mystery of mysteries", and the little it does say about this mystery is seen by most modern evolutionists as mudded or wrong. The study of speciation is thus one of the few areas of evolutionary biology not overshadowed by Darwin immense achievements. For years after publication of The Origin, biologists struggled, and failed, to reconcile the continuous process of evolution with the discrete entities, namely species, that it produces. Now, 120 years after Darwin's death, a reconciliation has been achieved: we have a reasonably complete picture of what species are and how they arise.

Que traducimos:

Así comienza el origen de las especies, cuyo título y primer párrafo implican que Darwin tendrá mucho que decir acerca de la especiación. Sin embargo, su obra maestra permanece en gran medida en silencio sobre el "misterio de misterios", y lo poco que dice acerca de este misterio es visto por la mayoría de los evolucionistas modernos como farragoso o erróneo. El estudio de la especiación es, pues, una de las pocas áreas de la biología evolutiva no eclipsado por los inmensos logros de Darwin. Durante años después de la publicación de El origen, los biólogos lucharon, sin éxito, para conciliar el proceso continuo de evolución con las entidades discretas, es decir, las especies, que la produce. Ahora, 120 años después de la muerte de Darwin, la conciliación se ha conseguido: tenemos una visión bastante completa de qué son las especies y cómo surgen.

Nos preocupan también estas frases de Coyne y Orr que hacen pensar que muchos autores escriben por mantener una serie de ideas preconcebidas o un dogma. ¿Qué significa la frase "el estudio de la especiación es, pues, una de las pocas áreas de la biología evolutiva no eclipsado por los inmensos logros de Darwin"? ¿Cuáles son y dónde están esos inmensos logros? Del título "El Origen de las Especies por Medio de la Selección Natural o la Supervivencia de las Razas Favorecidas en la Lucha por la Vida", se deduce una función clave para uno de los elementos en él incluidos: la selección natural. La selección natural aportará los medios, es decir, la explicación del origen de las especies. Si así fuese, la selección natural debería estar bien definida, es decir con precisión y sin ambigüedad en alguna parte del libro. ¿En dónde? Muy sencillo. Tal vez en los dos párrafos finales de la introducción que se dedican a la selección natural. Dicen:

This fundamental subject of natural selection will be treated at some length in the fourth chapter; and we shall then see how natural selection almost inevitably causes much extinction of the less improved forms of life, and leads to what I have called divergence of character.

Este tema fundamental de la selección natural será tratado con alguna extensión en el cuarto capítulo, y entonces veremos cómo la selección natural, casi inevitablemente, causa una gran extinción de las formas menos perfeccionadas de la vida, y conduce a lo que he llamado divergencia de caracteres.

Por lo tanto, ya en la introducción ha quedado casi definida la selección natural. Se trata de algo muy importante, fundamental. Además sabemos que 1) causa una gran extinción de las formas menos perfeccionadas de la vida, y 2) conduce a la divergencia de caracteres. Empero, todo esto es bien extraño, puesto que, si hay algo que causa extinción, deberá ser bien visible y reconocido desde la noche de los tiempos, aunque ya sorprende leer que cause *gran extinción*, pues extinción es término absoluto, o sea que una vez que algo se extingue, ya está extinguido y no puede extinguirse más (ni tampoco menos). Hasta aquí todo es complicado, pero además ocurre que 1) y 2) son contradictorios. Es decir que, si de verdad hay algo que cause una (¿*gran*?) extinción de las formas menos perfeccionadas, entonces las que permanecen son las más perfeccionadas, lo cual implica convergencia y no divergencia. La idea central del libro de Darwin parece así, de entrada, contradictoria, ambigua. Pero leamos el último párrafo de la introducción, para ver si se resuelve ya la contradicción y acaba nuestra tarea o, por el contrario, tendremos que profundizar algo más en la lectura:

Nadie debe sentirse sorprendido por tanto como queda todavía inexplicado respecto al origen de las especies y variedades, si tenemos en cuenta nuestra profunda ignorancia en lo que respecta a las relaciones mutuas de los muchos seres que viven a nuestro alrededor. ¿Quién puede explicar por qué una especie se extiende ampliamente y es muy numerosa, y por qué otra especie afín tiene un rango estrecho, y es rara? Sin embargo, estas relaciones son de suma importancia, ya que determinan el bienestar presente y, como creo, el éxito futuro y la variación de todos los habitantes de este mundo. Menos aún sabemos de las relaciones mutuas de los innumerables habitantes del mundo durante las muchas épocas geológicas pasadas de su historia. Aunque mucho es lo que queda oscuro, y quedará en la oscuridad durante largo tiempo, puedo mantener, sin duda, después del estudio más deliberado y del más desapasionado juicio de que soy capaz, que la opinión que la mayoría de los naturalistas han mantenido hasta hace poco, y que yo he mantenido anteriormente, es decir, que cada especie ha sido creada independientemente, es errónea. Estoy plenamente convencido no sólo de que las especies no son inmutables, sino que las que pertenecen a lo que se llama el mismo género son descendientes directos de alguna otra especie extinta de la misma manera que las variedades reconocidas de cualquier especie son descendientes de ésta. Además, estoy convencido de que la selección natural ha sido el más importante, si no el único, medio de modificación.

De este fragmento deducimos dos ideas importantes: una general y otra en relación con la selección natural. La idea general consiste en que el autor expresa su intención principal que consiste en ir en contra de esa opinión de que cada especie ha sido creada independientemente. Según indica, ésta ha sido la *opinión que la mayoría de los naturalistas han mantenido hasta hace poco.* Pero, un modo de escribir como éste...¿es propio de la precisión de un científico?, ¿hay algún naturalista que realmente haya expresado tal opinión por escrito?, ¿acaso es nuestro autor el primero en escribir en contra de esta opinión?, ¿desconoce la obra de Lamarck? Seguro que no. Su finalidad es, con seguridad, otra que esta labor de "corrección de errores" y tiene que ver con la segunda idea, con la difusión de este confuso concepto que es la selección natural.

El párrafo nos indica que la selección natural es medio de modificación (3). Pero esto, que es perfectamente compatible con conducir a la divergencia de caracteres (2), es incompatible con (1) puesto que si algo es medio de modificación, entonces no puede producir extinción (1). Nos vemos obligados a seguir nuestra lectura y preguntarnos: ¿Qué es la selección natural? ¿Cuál es la aportación de la obra de Darwin? Para ello, deberemos leer despacio el Capítulo IV, titulado precisamente *La Selección natural o la Supervivencia de los más Aptos*; pero tres tareas, antes de proceder a la lectura, garantizarán que esta se realice con el mayor aprovechamiento. En primer lugar, veamos qué es la Retórica y su relación con la Ciencia. A continuación, cómo se enmarca el capítulo cuarto dentro de la obra, y cómo está estructurado. Más adelante, ya inmersos en este capítulo cuarto, veremos cuáles son las principales figuras retóricas que suministran un armazón tanto a éste capítulo como en general al libro de Darwin y al darwinismo. Finalmente, y basados en el análisis retórico previo, intentaremos descubrir qué objetivo puede haber detrás de un texto que se presentaba como destinado a corregir errores.

3. ¿Qué es la Retórica? Definiciones y ejemplos. Cuatro niveles engloban los esquemas argumentativos. La Retórica en la Historia. La Retórica y el lenguaje del mito. Épica y Retórica.

Se cuenta que Zenón de Elea compara la Dialéctica con un puño cerrado y la Retórica con una mano tendida[5]. La Retórica, en sentido lato, puede valer para persuadir de cualquier cosa[6]; por el contrario, en sentido estricto, su objetivo no se desliga de la verdad ni de la justicia[7].

Las acepciones que el Diccionario de la RAE da para Retórica nos introducen en un curioso juego de luces y sombras. Así mientras que las dos primeras tienen connotaciones claramente positivas, de arte y ciencia:

> *1. f. Arte de bien decir, de dar al lenguaje escrito o hablado eficacia bastante para deleitar, persuadir o conmover.*
> *2. f. Teoría de la composición literaria y de la expresión hablada.*

---

[5] Sexto Empírico, *Contra los Matemáticos* 11, 7; Cicerón, *Sobre el supremo bien y el supremo mal*, 11 17; Cicerón, *Sobre el Orador* 32, 313; Quintiliano, *Institutio Oratoria* 11, 20.

[6] Aristóteles, *Retórica* I, 1355b.25

[7] Y, así, puede servir para persuadir de algo verdadero o probable, mover a una acción moralmente aceptable o simplemente para comunicar o transmitir de modo adecuado una información. Isócrates, *Antídosis* 255; Quintiliano, *Institutio Oratoria* 2, 15-20; 12, 1. Por eso, Aristóteles desarrolla la idea de que una argumentación es más fuerte y más convincente si añade, a la solidez técnica de la argumentación, la defensa de la verdad y de la justicia, Aristóteles, *Retórica* I, 1355a.

Las dos últimas se refieren, por el contrario, a usos de la palabra con un sentido despectivo y negativo:

> 3. *f. despect. Uso impropio o intempestivo de este arte.*
> 4. *f. pl. coloq. Sofisterías o razones que no son del caso. No me venga usted a mí con retóricas.*

Nos encontramos así con que la Retórica, que es una técnica o arte (el de decir bien), es también una rama de la Ciencia (teoría aquí se utiliza en su sentido más amplio y es sinónimo de conocimiento y por lo tanto la Retórica es la ciencia de la expresión literaria y de la expresión hablada).[8] Todo un panorama luminoso de ciencia y arte que pronto viene a enturbiarse con las definiciones tercera y cuarta (uso impropio del arte y sofisterías, respectivamente: *No me venga usted a mí con retóricas* es el ejemplo que la RAE aporta en este sentido).

La historia de la Retórica transcurre a lo largo de un eje siempre situado entre estos dos polos. A un lado, la luz: dos acepciones francamente positivas y brillantes: Arte y Ciencia. Arte de bien decir y teoría de la composición literaria y de la expresión hablada. Al otro, las tinieblas de un lenguaje impropio, intempestivo o sofistería, charlatanería, al que hacen referencia los dos últimos significados considerados en la RAE. Así la palabra, el discurso, avanza como el tiempo, con sus días y sus noches, y una de las tareas principales de la Ciencia será la que consiste en separar

---

[8] Quintiliano define al verdadero orador como *vir bonus bene dicendi peritus* (En *Institutio Oratoria 12, 1*).

la luz de la oscuridad, desvelar el fraude que puede haber en un discurso contaminado.

Desafortunadamente, a lo largo de su historia, la Retórica se ha utilizado en ocasiones con fines sectarios. El argumento esgrimido en algunos casos no sirve: Vencer antes de convencer.

Nuestro planteamiento se encuentra más próximo del clásico *Delectare, movere et docere* ciceroniano[9] que de la aún más antigua erística de Protágoras, que buscaba vencer en la discusión a cualquier precio. Mediante el análisis retórico es posible averiguar cómo se ha construido un texto, si el autor ha tratado de presentar datos que confirman interpretaciones nuevas de la realidad que sus semejantes tendremos que agradecerle por generaciones, o si por el contrario, ha utilizado todos los recursos a su alcance para llenar páginas de texto con una finalidad turbia. En este caso la Retórica puede también ayudarnos a descubrir la finalidad real de una obra escrita.

Cuatro niveles engloban los esquemas argumentativos

Aristóteles de Estagira, a quien se atribuye haber consagrado la Retórica como un arte, nos enseña que las pruebas son de dos tipos: técnicas y no-técnicas. Aquí interesa aclarar que el concepto de prueba en retórica no es el mismo que en las ciencias experimentales. Prueba, en el sentido retórico, se

---

[9] Cicerón, *Orator* 21, 69.

asemeja más al concepto jurídico. En ambos casos procede del griego *pistis*, que en latín sería *fides*, conceptos ambos relacionados con la confianza[10]. En todos los casos, las pruebas pueden ser aprovechadas por el que argumenta.[11] Las pruebas no técnicas (o probatoria extrínseca) [12] son aquellas que existen previamente a la argumentación.   Por ejemplo, hoy diríamos que, si una cámara de vigilancia capta que ha entrado alguien en un inmueble, esa grabación sería una prueba no-técnica, pero sería técnica la argumentación que posteriormente hagamos acerca de las implicaciones que tenga esa grabación (suponiendo que quisiéramos hacer uso de esa prueba).

Los esquemas de la probatoria intrínseca o argumentos técnicos pertenecen a cuatro niveles teóricos: *lógos*, *êthos*, *páthos*, y el aderezo de una *léxis* adecuada[13]. Pero sólo en casos excepcionales será clara y objetiva la atribución de un texto a uno de los niveles, pues hay que tener en cuenta que estos niveles son inherentes al uso del lenguaje.

El *lógos* se apoya, por un lado, en unas conclusiones racionales bien sentadas (pruebas incontrovertibles) y, por otro, en una argumentación esencialmente conjetural (basada en el *eikós*). Tales conclusiones proceden de la observación, de testimonios

---

[10] En este sentido el lema notarial *nihil prius quam fide*.
[11] Aristóteles, *Retórica* I, 1355b, 35 y ss.; Quintiliano, *Institutio Oratoria 5*.
[12] D. PUJANTE, *Manual de retórica*, Madrid 2003, 124-126.
[13] A. LÓPEZ EIRE, *Sobre el carácter retórico del lenguaje y de cómo los antiguos griegos lo descubrieron*, 121-124; D. PUJANTE, *Manual de retórica*, Madrid 2003, 124-126.

sistemáticos y otras fuentes extrínsecas al propio desarrollo estilístico y argumentativo, consideradas como pruebas no-técnicas, o a partir de muchos ejemplos. El conjunto de ejemplos sistemáticos analizados (*paradeígmata*)[14] configura el conocimiento de un *êthos* común. En la otra dirección, el *lógos* desarrolla la argumentación analizando el argumento en sí mismo. En él se fundamenta la argumentación eminentemente deductiva y su desarrollo formal es como el de la lógica (entimemas). El entimema[15] es un razonamiento que utiliza parámetros de la lógica o de la matemática. Las diferencias con el silogismo lógico[16] son, en cuanto al contenido, que una de sus premisas es esencialmente conjetural; en cuanto a la forma, que a veces oculta alguna de sus premisas, que aparece implícita, como encontramos en algunos ejemplos de la publicidad (yo no soy tonto, porque yo lo valgo...) y por eso a veces se ha denominado silogismo truncado.

El *êthos* argumenta sobre cada caso particular, incidiendo, más específicamente, sobre quien lanza el argumento o convence mediante el ejemplo (*parádeigma*) de quien argumenta o del caso particular que se analiza (el contexto o la pertinencia del argumento en él, por ejemplo si se trata de un caso

---

[14] *Parádeigma* es a la Retórica lo que *epagogé* a la Dialéctica. Sobre el *parádeigma*, cf. J.-C. IGLESIAS ZOIDO, «Paradigma y entimema: el ejemplo histórico en los discursos deliberativos de Tucídides», in *Emerita* 65, 1 (1997), 109-122.

[15] Cf. E. DYCK, «*Topos and Enthymeme*», in *Rhetorica* 20, 2 (2002), 105-118; F. CORTÉS GABAUDAN, «Formas y funciones del entimema en la oratoria ática», in *Cuadernos de Filología Clásica* 4 (1994), 205-226.

[16] El entimema es a la Retórica lo que el silogismo a la Dialéctica.

aislado y excepcional o si, por el contrario, los ejemplos son sistemáticos), generando *pístis* (palabra usada para referirse tanto a la credibilidad de quien argumenta como a la fiabilidad de una prueba, lo cual se vincula más el *eikós*, que no es necesariamente lo verdadero, pero sí lo verosímil o probable). Se pone al nivel del *êthos* del interlocutor que juzga el argumento o que conoce un ejemplo, respectivamente. En él se fundamenta la argumentación eminentemente inductiva y se desarrolla en esquemas de analogía que pueden ser cercanos a lo lógico o a lo psicológico.

El *páthos* y la *léxis* son recursos de la Poética, van más allá de lo científico y se basan en técnicas psicológicas. El *páthos* trata de arrastrar al interlocutor, no centrándose en la fuerza de los argumentos ni en el *êthos*, sino centrándose en el control de los estados emocionales pasajeros. En él se fundamenta una argumentación siempre psicológica que calcula la modificación del sentido de las palabras o de las construcciones lingüísticas con vistas a generar o disipar emociones. La *léxis* se basa en manejar de manera diestra el estilo, con estrategias de combinación y uso de las palabras, para lograr un efecto persuasivo siempre psicológico al margen de la razón (*lógos*). Una argumentación basada en ella se centra en el poder persuasivo de la disposición estilística del discurso y, por lo tanto, al igual que el *páthos*, es indiferente tanto al criterio de veracidad o como al de de probabilidad o verosimilitud.

Un conjunto sistemático de *paradeígmata* puede brindarnos la clave de que algo es siempre así o que un hecho se ha producido de un modo y no de otro; o que es algo es así casi siempre (salvo en unas excepciones concretas), o bien mostrarnos un abanico de posibilidades de un hecho. Así procedemos de inducción a deducción: en el primer caso, podremos decir que un hecho es incontrovertible; en el segundo, que es más o menos conjeturable.

Por otra parte, mediante el *lógos*, podemos discurrir acerca de los hechos a la inversa: desde la deducción a la inducción, al aplicarlos a un argumento en cuestión. En efecto, tomamos como premisas o bien los hechos no técnicos, o bien los hechos incontrovertibles o conjeturables anteriormente extraídos por *paradeígmata*.

El *páthos* y la *léxis* sirven para complementar la argumentación y darle fuerza ante nuestros interlocutores, pero no para fundamentarla o substituirla (siempre que queramos que nuestra argumentación sea racional y razonable, claro está). Por ejemplo, en un terreno ético, uno puede decir que algo no debe hacerse por determinadas razones éticas, pero el núcleo de la argumentación —si se quiere ser racional— no puede ser que algo en concreto no debe hacerse porque por ejemplo a uno «le da pena» (*páthos*), sino porque éticamente es inadmisible; ni tampoco es racional decir que algo debe descalificarse, por ejemplo, sólo porque así lo dice un lema o eslogan que tiene una rima resultona (*léxis*), pero sin razonamiento alguno.

La Retórica en la Historia

Históricamente, escogemos siete concepciones en los orígenes del arte retórica, más una octava que añadimos correspondiente a la neo-retórica de Perelman y Olbrechts-Tyteca.[17] Entre ellas podemos distinguirlas, ateniéndonos al esquema desarrollado en el anterior apartado, por la distinta importancia de la probatoria técnica (*lógos*, *êthos*, *páthos* y *léxis*) y no-técnica:

a) En la Primera Sofística: en Gorgias de Leontino, Protágoras de Abdera o Hipias de Élide no existe propiamente todavía la distinción entre lo técnico y lo no-técnico. Concretamente, el *lógos*, según cada autor, debe someterse a las exigencias prácticas circunstanciales de *êthos*, *léxis* y *páthos*. *Léxis* y *páthos* tienen un valor argumentativo y epistemológico principal. El lenguaje está marcado por las pasiones y el conocimiento del ser de las cosas es imposible, salvo para embelesar, persuadir y hablar de cualquier cosa, mostrando que no hay verdades absolutas y tratando de persuadir por todos los medios, independientemente tanto de verdades, como de ética alguna que no sea la del triunfo personal. Así, por ejemplo, tenemos a Protágoras como creador de la erística, cuya finalidad principal es poner en dificultades al adversario durante una discusión; o a Gorgias, quien llega a considerar la Retórica como

---

[17] CH. PERELMAN–L. OLBRECHTS-TYTECA, *Tratado de la Argumentación. La Nueva Retórica*, París 1958, trad. esp. de J. Sevilla Muñoz, 3ªreimp. Madrid 1989.

«poesía puesta en prosa» y empieza a trasladar el uso de ciertas figuras de la poesía a la prosa, figuras del discurso que se ganan así el sobrenombre de «gorgianas». En su escepticismo acerca de la capacidad del lenguaje para llegar a conocer la verdad, llega a diversas contradicciones, desde decir que el buen discurso va unido a la belleza objetiva hasta afirmar la imposibilidad de todo conocimiento, o la utilidad esencial del lenguaje para el engaño con vistas a la obtención de algún provecho.[18]

b) En el primer Platón: para Platón existe lo no-técnico y puede conocerse, pero en esta tarea es inútil la experiencia brindada por los sentidos. Se conoce mediante el *lógos*, que es coto de la dialéctica (no de la retórica, considerada contraria al conocimiento verdadero), y a él se somete el *êthos*, que es, en cierto sentido, algo neutro. La retórica es sólo *páthos* y *léxis* puestos al servicio de la falsificación del *êthos* mediante su fingimiento y mediante un uso retorcido del *lógos*; vale sólo para el esparcimiento o el engaño, la retórica de los sofistas. Platón describe la Retórica como una técnica intencionada, no-neutra, cuya finalidad es mover al interlocutor a que actúe o piense según nuestros deseos, aunque se trate de mentiras evidentes. Por ejemplo, en su diálogo titulado *Gorgias o de la retórica*, la disciplina no es inútil, sino que es algo malo, útil al mal. Es malintencionada en cuanto a que sirve para disimular o esconder la verdad. Viene así a decir Platón en ese diálogo que un tratado de geometría no necesita contener retórica alguna, sino geometría; y

---

[18] Cf. Gorgias de Leontino, *Encomio de Helena*.

que un tratado de medicina no necesita contener retórica alguna, sino medicina. Esto es así, según Platón, porque todo aquello que contiene retórica será sospechoso de carecer de otro contenido;[19] lo cual, aunque aparentemente muy correcto y acertado, encierra ya un contradicción puesto que en los diálogos de Platón se descubre un meticuloso estilo retórico.[20] Hasta la más pura geometría y la medicina más precisa pueden someterse a un estudio de retórica que a menudo dará más resultados de los *a priori* esperados.[21]

c) En el segundo Platón (en el *Fedro*), va apareciendo más perfilado lo no-técnico que encontramos después en Aristóteles, aunque sin definiciones.[22] La Retórica aparece principalmente como técnica de transmisión de conocimientos para mover a la acción, o como técnica para el conocimiento en asuntos inciertos a los que no llega la dialéctica. Su campo de acción es el del *êthos*, con la congruente

---

[19] Sin embargo, en cierto momento del mentado diálogo llega a decir, literalmente, que, aunque hay que huir de la adulación, en la retórica y en toda otra acción, hay que actuar en defensa de la justicia: Platón, *Gorgias* 527c.

[20] Cf. L. ROSSETTI, «*La Rhétorique de Socrate*», in G. Romeyer Dherbey, J.B. Gourinat (eds), *Socrate et Les Socratiques* (Paris, 2001), 161-185.

[21] Cf. por ejemplo A. LÓPEZ EIRE, *La naturaleza retórica del lenguaje*, Salamanca 2005, 70-80; B.M. GUTIÉRREZ RODILLA, *La Ciencia Empieza en la Palabra: Análisis e Historia Del Lenguaje Científico*, Barcelona 1998.

[22] Se ve claramente en un parlamento en el que se desprecia el tipo de Retórica de Lisias: Cf. Platón, *Fedro* 262 c-e. Por otro lado, más adelante, en el mismo diálogo, se constata de forma bastante explícita un acercamiento a las posturas de Isócrates sobre la Retórica.

aplicación del *lógos*. El *êthos* mantiene una posición principal en Retórica y el *lógos* le está supeditado, aunque ambos terrenos no están precisamente delimitados. Lo no-técnico existe y puede conocerse la mayoría de las veces. Pero, se conoce mediante el *lógos*, que es coto de la dialéctica, aunque se transmite mediante el *êthos*, coto de una retórica ética y justa. La Retórica es especialmente útil en su uso del *lógos* en algunos asuntos dudosos a los que no llega la dialéctica. La *léxis* debe someterse al *lógos* y el *páthos* debe someterse al *êthos*; un mal uso de *léxis* y *páthos* (no sometido a *lógos* y *êthos*) conduce a una mala retórica, válida únicamente para el esparcimiento o el engaño, la retórica de los sofistas.

d) En Aristóteles de Estagira: lo no-técnico no se discute y en ello no entra la Retórica, aunque puede utilizarlo. Por tanto, la Retórica se usa partiendo de la evidencia no-técnica como principio, en la idea del realismo aristotélico. La base de la argumentación ha de ser el *lógos*, seguido del *êthos*. El Estagirita desprecia la argumentación basada en la *léxis*, que pasa a ocupar una posición de refuerzo del *lógos*, sin valor argumentativo por sí misma, sino que debe ser usada de modo puramente instrumental. El *páthos* tampoco tiene valor argumentativo por sí mismo y sólo es válido si se somete a lo no-técnico y, dentro de lo técnico, al *lógos* y al *êthos*.

El juego entre el *êthos* y el *lógos* se invierte en Aristóteles, quien reconoce, además de los elementos técnicos (*êthos*, *lógos*, *lexis* y *pathos*) la existencia de lo no-técnico, ya insinuada en Platón. La probatoria no-técnica incluye todo el conjunto de pruebas de hecho que paradójicamente permanecían en un segundo plano. Este reconocimiento contribuye a dar prioridad al *lógos*. El *páthos* ocupará una posición marginal desde el punto de vista probatorio y estará siempre sometido al *lógos* y al *êthos*, a pesar de que, paradójicamente, considera importante la estilística y lo psicagógico o psicológico y, por tanto, gran parte de su obra *Retórica* se especializa en el estudio de estos aspectos.

Al reconocer la existencia de lo no-técnico, para Aristóteles la Retórica es un instrumento que sirve para persuadir y así se convierte en arte o técnica neutra de perfección de la naturaleza (la naturaleza del lenguaje). Aristóteles considera en cada caso qué es lo que vale para persuadir, aplicable a perfeccionar la comunicación de conocimientos de diferentes disciplinas; es útil también para discurrir racionalmente en aquellos casos donde no hay verdades ni evidentes ni demostradas fehacientemente, sino eminentemente basados en probabilidades y conjeturas (*eikóta*), los cuales considera que son la mayoría, pues es, en cambio, la dialéctica la que se ocupa de tratar racionalmente las verdades incontrovertibles. La Retórica no pertenece a ninguna disciplina definida, sino que es, pues, el correlato de la dialéctica, que se nutre de lo ético y verdadero; pero se ocupa más bien de lo verosímil y, si se utiliza defendiendo la verdad y la justicia, tiende a vencer.

e) En Isócrates: la retórica, si de verdad es retórica y no erística u otra cosa, está unida al *êthos*. El *êthos*, junto con el *lógos*, son la base del conocimiento de lo no-técnico. El *êthos* es base de la transmisión del *lógos*, pero debe haber una congruencia con *léxis* y *páthos* que refuerce la argumentación y la transmisión de conocimientos. La Retórica es para Isócrates técnica no-neutra, inseparable de la filosofía hasta el punto de identificarse con ella. En el sentido de que con ella se distingue el bien y el mal, lo verdadero y lo falso; y que permite defender la verdad y el bien común, transmitir la cultura al resto de la sociedad y actuar éticamente. Comparte con Platón un mundo basado en *êthos* y *lógos*, en el que el lenguaje impone sus términos sin dar importancia a otros elementos, pero considera, a diferencia de Platón y Aristóteles, que la Retórica, si de verdad es Retórica, es ética y defiende la verdad.

f) En Cicerón: lo no-técnico existe sin necesidad de lo técnico. Coincide con Aristóteles y con el segundo Platón en que la Retórica es buena o mala dependiendo de la bondad del *êthos*, que se ocupa de transmitir la realidad del *lógos* y de lo no-técnico. Un buen *êthos* se nutre del *lógos* y de lo no-técnico; y puede ser perfeccionado mediante *léxis* y *páthos*. Al igual que Isócrates y Aristóteles, considera que la Retórica es técnica muy útil para una formación integral, y para la subsiguiente transmisión de la formación al resto de la sociedad, aunque se distancia de Isócrates al considerarla técnica neutra, como había hecho Aristóteles. Sin embargo, considera imposible esta empresa de formación retórica sin una formación previa en el resto de la cultura y teniendo como meta el bien común y la defensa de la verdad y de la justicia.

g) En Quintiliano: coincide con Cicerón y Aristóteles en que lo no-técnico existe y puede conocerse; y que debe ponerse a su servicio lo técnico, siendo lo primordial el *lógos*, luego el *êthos* y, por último, *páthos* y *léxis*. En cambio, se aproxima a Isócrates en que la Retórica es técnica de perfección de la naturaleza (del lenguaje en sí mismo y de las cosas inciertas), para instruir sobre cosas verdaderas, mover a la acción ética y deleitar en la forma; todo a la vez.

h) En la neorretórica: lo no-técnico de Aristóteles no existe y la retórica se ocupa plenamente del lenguaje, en cualquier disciplina. Absolutamente todo depende de la *léxis* y del *páthos*; lo no-técnico, el *lógos* y el *êthos* no son más que constructos a su servicio. La Retórica aparece como técnica inseparable de la filosofía; una filosofía que muestra que todo es relativo y, por lo tanto, es preciso mover al interlocutor a que actúe o piense según nuestros deseos.

Es importante destacar que en los momentos en que vivimos, de crisis del paradigma del progreso basado en la especialización, la retórica aporta las herramientas necesarias para distinguir una aportación original al conocimiento científico de lo que en apariencia podría ser un conjunto de disparates sin sentido. Será la propia retórica la que nos ayude más adelante a descubrir el significado que hay detrás del conjunto aparente.

La Retórica y el lenguaje del mito

La disyuntiva entre Retórica y Poética es conclusión histórica de la evolución de ambas. Así, la Poética, que es el medio original para el desarrollo de los mitos,[23] se

---

[23] A. LÓPEZ EIRE, *La naturaleza retórica del lenguaje*, Salamanca 2005, 63 y 80-93.

ve absorbida por la Retórica.[24] En aquella, todos los elementos se hallan subordinados a la *léxis*, porque la poesía se construye en metros y el metro forma parte de la *léxis* y porque el desarrollo de los contenidos está sujeto a las exigencias del metro. El *páthos* es el segundo elemento en importancia y a él se someten también el *êthos* y el *lógos*, puesto que la poesía debe producir efectos de deleite estético que cautiven al interlocutor y, con su carácter evocador, ser capaz de moverlo a determinadas emociones. El tercer elemento es el *êthos*, porque dentro de la obra mítica los personajes transmiten unas pasiones concretas que son congruentes con el *êthos* o arquetipo que representan. El *lógos* es el elemento de menor importancia, porque la Poética es indiferente al criterio de verificación literal de los hechos y la obra poética o mítica no pretende ser reflejo de la realidad no-técnica, ni libre de contradicciones respecto a ella, sino que posee su lógica interna. Por ejemplo, en contexto propiamente mitológico es importante el uso de la genealogía en la Poética; [25] y vemos así que, sin demostración lógica o racional alguna de que unos personajes desciendan de otros (v.g. Heracles como descendiente de Perseo, gigantes, titanes...), se hace ineludible la presentación de un árbol genealógico necesario, no basado en la observación, ni en la experimentación, ni en la presentación de prueba

---

[24] Proceso que se había producido durante la Antigüedad tardía en las lenguas clásicas y que en las lenguas modernas se reproduce durante los siglos XVIII y XIX: cf. A. LÓPEZ EIRE, *Esencia y objeto de la Retórica*, Salamanca 2000,74.

[25] Posteriormente, la Retórica adopta también el uso de la genealogía como algo propio en el género epidíctico, cf. por ejemplo el estudio de este aspecto en *Retórica a Alejandro* 1440b.

alguna, para dar la ilusión suficiente al mito como para que sea creíble dentro de su lógica interna, no de acuerdo con la realidad tangible.

Por otra parte, la Poética (que surge en el ámbito de la oralidad),[26] al desarrollarse en el contexto agonal y ritual de las celebraciones religiosas, cumplía una función artística de cohesión político-social; y no la pretensión de información objetiva sobre realidad no-técnica alguna.

De este modo, las exigencias de cada género literario hacen que, según se trate de una obra de un tipo u otro, los recursos utilizados sean unos u otros; y que predominen los desarrollos argumentales de un nivel u otro (según los cuatro conjuntos ya vistos), así como la jerarquía de su utilización.

Se decía arriba que la poética es el medio original para el desarrollo de los mitos. Interesa dedicarles aquí unos párrafos que serán completados más adelante. ¿Qué son los mitos? Mary Midgley, en su libro titulado *The Myths We live by* trata acerca de alguno de ellos en el mundo contemporáneo, tales como el Progreso, la Ciencia y la Modernidad. En su capítulo introductorio intenta una definición y escribe:

> *Myths are not lies. Nor are they detached histories. They are imaginative patterns, networks of powerful symbols that suggest particular ways of interpreting the world. They shape its meaning.*

---

[26] Cf. A. LÓPEZ EIRE, *Poéticas y Retóricas Griegas*, Madrid 2002.

(Los mitos no son mentiras. Tampoco son historias independientes. Son el modelo imaginativo, redes de poderosos símbolos que sugieren los modos particulares de interpretar el mundo. Ellos forman su significado.)

Y tras indicar algunos ejemplos (*machine imagery, the microscope*) más adelante también se refiere a los mitos como *imaginative patterns that we all take for granted*: pautas de la imaginación que tomamos por garantizadas. Por ser muy superficial, la de Midgley no es suficiente como definición y debemos acudir a alguien más profundamente imbuido de los Mitos: Mircea Eliade, quien en su libro Mito y Realidad nos indica:

El mito cuenta una historia sagrada; relata un acontecimiento que ha tenido lugar en el tiempo primordial, el tiempo fabuloso de los "comienzos". Dicho de otro modo: el mito cuenta cómo, gracias a las hazañas de los Seres Sobrenaturales, una realidad ha venido a la existencia, sea esta la realidad total, el Cosmos, o solamente un fragmento: una isla, una especie vegetal, un comportamiento humano, una institución. Es, pues, siempre, el relato de una "creación"; se narra cómo algo ha sido producido, ha comenzado a ser. El mito no habla de lo que ha sucedido realmente, de lo que se ha manifestado plenamente. Los personajes de los mitos son Seres Sobrenaturales. Se les conoce sobre todo por lo que han hecho en el tiempo prestigioso de los comienzos.

El antropólogo no tiene miedo en hablar de seres sobrenaturales y deja claro que la historia a la que pertenece el mito es sagrada. Midgley, por su parte, ya ha indicado en su libro a la ciencia como un mito fundamental entre los de su época que prohíbe que los seres sobrenaturales invadan el discurso. Quedan dos opciones. La primera: acatar como Midgley los dictados de la ciencia contemporánea que prohíbe hablar de seres sobrenaturales. La segunda: admitir con Eliade que el tiempo de los comienzos es siempre fabuloso y que para su edificación es necesario ir más allá del *lógos*. En la construcción de mitos el símbolo juega un papel esencial puesto que va dirigido al inconsciente. El análisis retórico permite identificar elementos que no se ajustan a un discurso racional al uso. La acumulación de figuras retóricas sirve para introducir símbolos con la finalidad de dirigir el pensamiento desde sus estratos más profundos: los de la creencia. Aceptando que se trata de creencias, hemos de reconocer que el concepto de mito escapa al análisis propio de una visión materialista y cientifista al uso. El análisis retórico de El Origen de las Especies nos ha llevado, como veremos, más allá de los terrenos habituales de la ciencia.

Épica y Retórica

No vamos a ocuparnos de definir aquí de forma estándar el género épico, puesto que ya existen numerosos ejemplos de ello en los manuales al uso. Sí nos interesa hacer una caracterización básica de algunos rasgos en relación a la Retórica y señalar que la épica es un género literario cuya misión es dar forma literaria al mito,[27] y que para ello se vale de una intrincada maraña de figuras retóricas.[28] Éstas se encuentran ensambladas mediante una *léxis* formular cuya composición fue bien analizada, en el caso de la épica homérica (la más antigua literatura épica), por diversos autores, entre los que destaca Milman Parry,[29] que posteriormente ha tenido diversos seguidores que han aplicado sus métodos a la épica de las demás literaturas.[30] Aparte de las figuras, uno de los elementos retóricos típicos de la épica es el motivo del único superviviente, patrón del cuento popular que se enmarca dentro del concepto agónico o de lucha de supervivencia que forma parte de la esencia del género literario:[31]

> «Constituida por el derecho del más fuerte, el hombre aparece en ella (*en la épica*) con toda la energía de su naturaleza primitiva»[32]

---

[27] J. Alsina, *Teoría literaria griega*, Madrid 1991, 312; A. Bernabé, «La épica posterior», 87; en: J.A. López Férez (ed.), *Historia de la Literatura Griega*, 87-105.

[28] Cf. por ejemplo R. Janko, *The Iliad: a Commentary*, Vol.4, Cambridge 1994, 248, 252, 283, 307, 316

[29] A. Parry (ed.), *The Making of Homeric Verse: The Collected Papers of Milman Parry*. Nueva York-Oxford, 1987.

[30] P. Justel Vicente, «Estilo reiterativo, fórmulas historiográficas y fórmulas épicas», en *La Chronica Adefonsi imperatoris y la Historia Roderici: dos crónicas particulares del siglo XII. Au miroir des anciens; E-Spania Bd. Revue interdisciplinaire d'études hispaniques médiévales et modernes* 15 (junio 2013)

[31] G.S. Kirk, *The Iliad: a Commentary*, Vol.2, Cambridge 1990, 25.

[32] F. Holgado Toledo, *Homero, análisis crítico de La Iliada y de La Odisea: comparación de estos dos poemas. Discurso leído ante el claustro de la Universidad Central*, Madrid 1864, 28.

Dentro de esta lucha por la vida, el poeta épico pone los hechos detallados en relación con fuerzas que están por encima del hombre.[33] En el contexto de esta lucha, la *aristeía* es concepto esencial, pues define la concepción de la lucha por la vida que caracteriza la literatura épica: uno de los personajes realiza una gesta importante y se demuestra como el mejor, prevaleciendo sobre los otros. [34] A menudo, los personajes son personificaciones de fuerzas naturales o de interpretaciones de fuerzas naturales.

Otro de estos elementos, vinculado al anterior, es el filogenético, es decir, el del árbol genealógico,[35] junto con explicaciones genealógicas[36] sobre el origen del mundo y la naturaleza. [37] Tales explicaciones se explican con otro elemento poético: el concepto de «mutación permanente», que por encima de diferencias accidentales, se observa en la comparación entre *Ilíada* y *Odisea*, o entre Homero y Hesíodo.[38]

Los patrones estudiados por Parry y otros autores han podido ser rastreados como fenómenos que caracterizan la epopeya como género literario, desde

---

[33] F. Holgado Toledo, *Homero, análisis crítico de La Iliada y de La Odisea: comparación de estos dos poemas. Discurso leído ante el claustro de la Universidad Central*, Madrid 1864, 20.

[34] J. Alsina, *Teoría literaria griega*, Madrid 1991, 420-421.

[35] M.W. Edwards, *The Iliad: a Commentary*, Vol.5, Cambridge 1991, 313; M. Fuhrmann, *Literatura Romana*, Frankfurt 1974 (versión española Madrid 1985), 92; R. Janko, *The Iliad: a Commentary*, Vol.4, Cambridge 1994, 104, 162, 201-3.

[36] A. Bernabé, «La épica posterior», 87, 91; en: J.A. López Férez (ed.), *Historia de la Literatura Griega*, 87-105.

[37] J. Alsina, *Teoría literaria griega*, Madrid 1991, 312-313.

[38] J. Alsina, *Teoría literaria griega*, Madrid 1991, 422-423.

Homero hasta las obras épicas medievales,[39] pasando por la literatura romana. En la épica hispánica, nos encontramos con que el *Cantar de Mío Cid* está construido mediante análoga *léxis* formular, recargada de figuras retóricas, como diversas construcciones de paralelismos, recurrencias y repeticiones, al servicio de la persuasión y de la propaganda.[40] La retórica formular utilizada por el poeta épico es lo que da la credibilidad a sus palabras, que se acogen al patrocinio divino y no al resultado ni del análisis lógico, ni de la experimentación y observación científicas.[41] La épica, cuya misión es dar forma literaria al mito, muestra la persistencia de una mentalidad mítica y el afán de búsqueda del lugar de los seres vivos en el mundo y en la naturaleza, de manera que, incluso la epopeya no catalogada como mitológica va siempre unida a elementos mitológicos.[42]

La misión de la épica se lleva a cabo con una «maquinaria retórica» que pretende obtener el consenso de la audiencia, mediante expresiones de exhortación, patrones rítmicos, imágenes para

---

[39] J. M. Herrero Massari, *Juglares y trovadores*, Madrid 1999, 22; V. Propp, *El epos heroico ruso*, Vol. 2, Madrid 1983, 366-367.

[40] J.M. Díez Borque, *El libro: de la tradición oral a la cultura impresa*, Barcelona 1985, 20. Lo mismo sucede en la épica griega, en especial en la de época helenística e imperial, pues está dirigida desde el poder fáctico: Cf. M. García Teijeiro, «Apolonio de Rodas», 804; en: J.A. López Férez (ed.), *Historia de la Literatura Griega*, 804-816.

[41] C. García Gual. La mitología: interpretaciones del pensamiento mítico, Montesinos 1987, 29.

[42] E. Bickel, *Historia de la literatura romana*, Heidelberg 1960 (versión española de J.M. Díaz-Regañón López, Madrid 1987), 493-494.

desarrollar y detallar vívidamente, persistentes repeticiones de grupos de palabras, calificaciones y epítetos, breves citas y ejemplificaciones en el aura de un lenguaje ritual en el que predomina la metonimia.[43]

En el caso de la épica inglesa, el lenguaje especial de la épica, manifestado en una combinación de figuras retóricas se puede constatar en la maraña de símiles, perífrasis, aposiciones, gradaciones, sinonimias o congeries, anáfora, aliteración, quiasmo, apóstrofes y obsecraciones, antítesis, metáforas, metonimias, sinécdoque y, especialmente (según todos los estudiosos del inglés antiguo), las que en literatura inglesa se denominan *kenning* y *heiti*.[44]

El *kenning* y *heiti* son muy similares, pues ambos se fundan en detalles descriptivos y de detallamiento vívido formulados con una especie de perífrasis,[45] con rasgos cercanos a metonimia, sinécdoque o metáfora[46] y a menudo contienen un símil. El *kenning* enfatiza una cualidad particular y, a la vez, se identifica el referente con algo que realmente no es, más que en simplemente en un sentido metafórico muy especial; y *heiti* elige una cualidad que —aunque sólo en parte— sí es.[47]

---

[43] T. Montgomery, *Medieval Spanish Epic: Mythic Roots and Ritual Language*, 1925 (ed. Pennsylvania State University 1998) 92-102.

[44] A. Bravo García, *Los lays heroicos y los cantos épicos cortos en inglés antiguo*, Oviedo 1998, 27.

[45] A. Bravo García, *Los lays heroicos y los cantos épicos cortos en inglés antiguo*, Oviedo 1998, 28.

[46] A. Bravo García, *Los lays heroicos y los cantos épicos cortos en inglés antiguo*, Oviedo 1998, 27.

[47] A. Bravo García, *Los lays heroicos y los cantos épicos cortos en inglés antiguo*, Oviedo 1998, 28.

Por ejemplo, esta preponderancia de las figuras queda manifiesta en que el *Beowulf* es, en conjunto, una gran antítesis, reforzada por litotes, congeries, gradaciones, aposiciones, detalle e hincapié en descripciones, paralelismos sintácticos, aliteraciones, etc.[48]

No obstante, la épica y su dicción formular, aunque a veces se halle constreñida a las exigencias del metro, no sucede así siempre y en todos los casos, puesto que los mismos rasgos esenciales pueden encontrarse en obras que no están en versos. En efecto, ya desde Aristóteles, los teóricos y críticos literarios han advertido [49] durante siglos que lo poético, paradójicamente, puede ir en prosa.[50] Así pues, lo que diferenciaría la obra épica de otros géneros no sería el ir en verso, sino que, por ejemplo, el historiador cuenta lo que ha sucedido, mientras que el poeta trata de lo que pudo suceder, sea en verso o en prosa. Y, en el caso particular de la épica, sus fundamentos son mitológicos.[51]

---

[48] A. Bravo García, *Los lays heroicos y los cantos épicos cortos en inglés antiguo*, Oviedo 1998, 31-34.

[49] D. Mañero Lozano, «Del concepto de *decoro* a la «teoría de los estilos», 382; en: *Bulletin Hispanique 111-2* (2009), 357-385.

[50] Se pueden rastrear similares patrones formulares incluso en los estudios hechos de los textos religiosos del Antiguo Testamento y de Qumrán: cf. *E. Tov, Hebrew Bible, Greek Bible and Qumran: Collected Essays*, Tubinga 2008, 229-230.

[51] J. Alsina, *Teoría literaria griega*, Madrid 1991, 315.

4. Ciencia y retórica

El diccionario de la RAE propone cuatro definiciones para la palabra ciencia:

> *1. f. Conjunto de conocimientos obtenidos mediante la observación y el razonamiento, sistemáticamente estructurados y de los que se deducen principios y leyes generales.*
> *2. f. Saber o erudición. Tener mucha, o poca, ciencia. Ser un pozo de ciencia. Hombre de ciencia y virtud.*
> *3. f. Habilidad, maestría, conjunto de conocimientos en cualquier cosa. La ciencia del caco, del palaciego, del hombre vividor.*
> *4. f. pl. Conjunto de conocimientos relativos a las ciencias exactas, fisicoquímicas y naturales. Facultad de Ciencias, a diferencia de Facultad de Letras.*

Las tres primeras se encuentran relacionadas entre sí y se refieren a la ciencia como conjunto de conocimientos, saber o erudición. La cuarta se refiere a un subconjunto de las anteriores. Según ella ciencia corresponde a los conocimientos propios de determinadas materias (matemáticas, fisicoquímicas y naturales). La diferencia es principalmente de método. En sentido amplio (acepciones uno a tres) los conocimientos son obtenidos mediante la observación y el razonamiento. En sentido estricto, lo son principalmente mediante el método científico, basado en la experimentación.

Adoptaremos aquí la definición correspondiente a las primeras acepciones, es decir en su sentido más amplio, como conjunto de conocimientos destacando que una de las características principales de la ciencia, deducible a partir de las definiciones de la RAE consiste en la especialización; es decir, que los conocimientos se encuentran agrupados por materias (sistemáticamente estructurados se dice en la primera acepción).

Así pues, empezaremos por definir Ciencia como conjunto de conocimientos sistemáticamente estructurados. Característica principal de la ciencia es su división en disciplinas. Cada una de ellas tiene por objeto una parte bien definida de la Naturaleza. La propia definición del Diccionario de la RAE hablaba de ciencias exactas, fisicoquímicas y naturales, cuyos objetos están bien definidos. Las primeras estudian las propiedades de los entes abstractos, como números, figuras geométricas o símbolos, y sus relaciones. Las segundas las propiedades de la materia y de la energía y la estructura, propiedades y transformaciones de la materia a partir de su composición atómica. Las terceras (ciencias naturales) tienen por objeto el estudio de la naturaleza, como la Geología, la Botánica, la Zoología, etc. A veces se incluyen en ellas la Física y la Química.

La Ciencia está estructurada y a cada una de sus secciones y sub-secciones corresponde un objeto de estudio inequívoco y precisamente definido, es decir, sin ambigüedad. En la mayoría de los casos cada disciplina o sección de la Ciencia tiene un nombre que se relaciona directamente con su objeto de estudio al que dicho nombre hace referencia (Astronomía,

Cosmología, Oceanografía, Biología, Paleontología, Zoología, Farmacología, Patología, Fisiología, Psicología, Lingüística, Filología, Criminología), pero en otros casos la disciplina, más allá de hacerle referencia, toma el mismo nombre que su objeto de estudio. Sería interesante analizar el fundamento con el que cada disciplina científica ha tomado su nombre. Aquí indicaremos alguna pista para tal estudio indicando algunas disciplinas que son designadas con el mismo nombre que el de su propia materia objeto de estudio, sin modificación alguna. Tal coincidencia se da más frecuentemente en disciplinas de las Ciencias Sociales (Geografía, Política, Economía) que en las llamadas Ciencias Puras o Ciencias Experimentales así como en los casos particulares que nos interesan en este artículo que son precisamente los de Evolución y Retórica. La palabra Evolución se refiere tanto al proceso de transformación de las especies como a la ciencia que lo estudia. Retórica significa por un lado el arte del discurso, pero por otro lado también se emplea la misma palabra para definir la ciencia que lo estudia.

Tenemos que la Retórica es pues un arte: el de bien decir. Y también una disciplina de la Ciencia. La que se encarga del análisis del discurso. Si admitimos que tanto el discurso de la Ciencia como los de cada una de sus disciplinas deben estar sometidos a un escrutinio constante, entonces tenemos que la Retórica es fundamental en la Ciencia. No en vano Lavoisier, en el prefacio a su obra Elementos de Química, citaba a Condillac, quien en su Sistema de Lógica indicaba:

Pensamos sólo por medio de palabras -Los idiomas son verdaderos métodos analíticos. El Álgebra, que se adapta a su fin en todas las especies de expresión, de la manera más simple, más exacta, y lo mejor posible, es al mismo tiempo un lenguaje y un método de análisis.-el arte de razonar no es más que un lenguaje bien organizado.

Y un poco más adelante dice Lavoisier:

La imposibilidad de separar la nomenclatura de una ciencia de la ciencia en sí misma, es debido a esto, que cada rama de la ciencia física debe constar de tres cosas: la serie de hechos que son objeto de la ciencia, las ideas que representan a estos hechos, y las palabras con que estas ideas se expresan. Al igual que tres impresiones del mismo sello, la palabra debe producir la idea, y la idea de ser una imagen de la realidad. Y, como las ideas se conservan y se comunican por medio de palabras, se deduce necesariamente [Pág. xv] que no podemos mejorar la redacción de cualquier ciencia, sin al mismo tiempo mejorar la ciencia en sí misma, ni podemos, por otro lado, mejorar la ciencia, sin mejorar el idioma o la nomenclatura que le pertenece. Sin embargo, por muy ciertos que sean los hechos de cualquier ciencia y acertadas las ideas formadas de estos hechos, podríamos comunicar una falsa impresión a los demás, si no disponemos de las palabras por las cuales las ideas pueden ser expresados adecuadamente.

Si estamos de acuerdo con Lavoisier, el análisis del discurso es un aspecto esencial en la Ciencia. Es decir, si como admitíamos la Ciencia está estructurada y clasificada, ahora hemos de reconocer que el análisis del discurso es esencial en todas y cada una de sus divisiones y por tanto la Semántica y la Retórica son disciplinas de gran extensión.

Del libro de David Pujante dedicado a Quintiliano y el Estatuto Retórico y titulado «El hijo de la Persuasión» (Instituto de Estudios Riojanos, 1999) tomamos las siguientes frases:

> «Más adelante, y tras considerar el vicio de la oscuridad, resume de la siguiente manera su concepción de la claridad Quintiliano: *"Nobis prima sit virtus perspicuitas, propia verba, rectus ordo, non in longum dilata conclusio, nihil neque desit neque superfluat"* (VIII.2.22). Esta principal virtud que es la claridad consiste en la propiedad de términos, el recto orden, el ser comedido en las cláusulas, y que nada falte ni sobre. Ya que la finalidad, una vez más expuesta por Quintiliano, es: *"Ita sermo et doctis probabilis et planus imperitis erit"* (VIII. 2. 22); que lo dicho sea aprobado por los instruidos y comprendido por los incultos. Siempre una finalidad práctica. »

Y un poco más adelante:

> «Debe evitarse ante todo la ambigüedad. No sólo la ambigüedad ya estudiada (VII.9.10), es decir, la que hace dudar del sentido; también debe

evitarse la que se da aun prevaleciendo el sentido. Es decir, la que hace la frase incierta aunque no quepa duda sobre el significado auténtico (VIII.2.16). No provoca error, pero ofrece una mala organización de la frase, perturba la comprensión, sin llegar a equivocarnos.»

Principal virtud es para Quintiliano la claridad y para la Ciencia evitar toda ambigüedad. Así como las disciplinas y sub-disciplinas se encargan de diferentes aspectos de la Naturaleza, bien conocidos y admitidos, igualmente sus sucesivas subdivisiones y cada uno de los libros, tratados o tesis que a ellas se dediquen deben precisar claramente sus objetivos. Se atribuye a Marañón la sentencia que dice: *En el lenguaje científico la claridad es la única estética permitida.*

5. El capítulo cuarto de El Origen de las Especies: función, situación en el libro y estructura

El título completo de la principal obra de Darwin es El Origen de las Especies por Medio de la Selección Natural o la Supervivencia de las Razas Favorecidas en la Lucha por la Vida, en inglés *On the Origin of Species by means of Natural Selection or the Preservation of Favoured Races in the Struggle for Life*, obra a la que nos referiremos en adelante como OSMNS. Del título se deduce una función clave para uno de los elementos en él incluidos: la selección natural. La selección natural aportará los medios (*means*), es decir suministrará la explicación del origen de las especies. Como tal explicación la selección natural aspira al rango de Teoría Científica ya que en ciencia se pide a las teorías que aporten explicaciones. Si así fuese, la selección natural debería, en primer lugar, estar bien definida, es decir con precisión y sin ambigüedad en alguna parte del libro. ¿En dónde? Ya hemos visto que no es en la introducción.

Tampoco en un primer capítulo dedicado a la variación en condiciones de cautividad y titulado *Variación en el estado doméstico*, del que no podemos obtener información alguna en relación con la formación de especies nuevas puesto que la vida en la granja tiene poco que ver con la naturaleza, en la granja no se suelen obtener especies nuevas y la variación en cautividad poco o nada aporta a la evolución. Efectivamente en este primer capítulo la expresión selección natural tan solo aparece en una ocasión indicando que se explicará más adelante.

Tampoco en un segundo capítulo, dedicado a la variación en la naturaleza en el que se nos presenta la cuestión de modo tan limitado como miope: sin alusión alguna a Linneo ni a las categorías taxonómicas y centrándose en algunos ejemplos dudosos de especies. Tenemos en él un buen ejemplo de escritura ideológica[52], es decir centrada en aspectos parciales de la realidad, interesadamente, pero en este segundo capítulo aparece la expresión selección natural en tres ocasiones y en dos de ellas, de nuevo se indica que se explicará más adelante.

El tercer capítulo, titulado directamente «La Lucha por la Existencia» contiene ya alguna mención directa a la selección natural incluso una definición:

> *I have called this principle, by which each slight variation, if useful, is preserved, by the term Natural Selection, in order to mark its relation to man's power of selection. But the expression often used by Mr. Herbert Spencer of the Survival of the Fittest is more accurate, and is sometimes equally convenient. We have seen that man by selection can certainly produce great results, and can adapt organic beings to his own uses, through the accumulation of slight but useful variations, given to him by the hand of Nature. But Natural Selection, as we shall hereafter see, is a power incessantly ready for action, and is as immeasurably superior to man's feeble efforts, as the works of Nature are to those of Art.*

---

[52] Umberto Eco. La Estructura Ausente.

Es decir:

> *Este principio, por el cual toda ligera variación, si es útil, se conserva, lo he denominado yo con el término de selección natural, a fin de señalar su relación con la facultad de selección del hombre; pero la expresión frecuentemente usada por míster Herbert Spencer de la supervivencia de los más adecuados es más exacta y es algunas veces igualmente conveniente. Hemos visto que el hombre puede, indudablemente, producir por selección grandes resultados y puede adaptar los seres orgánicos a sus usos particulares mediante la acumulación de variaciones, ligeras pero útiles, que le son dadas por la mano de la Naturaleza; pero la selección natural, como veremos más adelante, es una fuerza siempre dispuesta a la acción y tan inconmensurablemente superior a los débiles esfuerzos del hombre como las obras de la Naturaleza lo son a las del Arte.*

Pero éste párrafo no está libre de dificultades ya que donde dice:

> *Hemos visto que el hombre puede, indudablemente, producir por selección grandes resultados y puede adaptar los seres orgánicos a sus usos particulares mediante la acumulación de variaciones, ligeras pero útiles, que le son dadas por la mano de la Naturaleza;*

Debería decir:

> *Hemos visto que el hombre puede, indudablemente, producir por mejora genética (breeding) grandes resultados y puede adaptar los seres orgánicos a sus usos particulares mediante la acumulación de variaciones, ligeras pero útiles, que le son dadas por la mano de la Naturaleza;*

Puesto que el ser humano no ha conseguido resultado alguno por la selección, sino por el proceso completo de mejora genética (en inglés *breeding*) del que la selección es sólo una parte. El autor está tomando aquí por lo tanto la parte por el todo y no debería utilizar el término selección sino el de mejora (*breeding*). Acabamos de encontrarnos con un primer tropezón. Se trata de la figura retórica que conocemos con el nombre de metonimia. En este caso un descuido fundamental, sin el cual no podría concebirse la expresión selección natural. Nos referiremos en el capítulo siguiente a las figuras de la Retórica y la metonimia deberá entonces ocupar un papel principal entre ellas. Esto puede explicar el problema de Darwin y el darwinismo para dar una definición adecuada de selección natural. No puede existir definición alguna para un significante que no tiene significado, es decir para un nombre cuya existencia se basa en un error. Así, cuando encontramos una definición, vuelve a pasar como antes, que es confusa y, si en los párrafos finales de la introducción nos habíamos encontrado con tres definiciones contradictorias para selección natural que eran:

1) Causa de extinción de las formas menos perfeccionadas de la vida
2) Causa de divergencia de caracteres
3) Medio de modificación

Ahora debemos sumar otras dos definiciones nuevas, que son:

4) Principio por el cual toda ligera variación, si es útil, se conserva.
5) Supervivencia de los más aptos

Como vemos, ni en la introducción ni tampoco en ninguno de los tres primeros capítulos hemos podido encontrar una definición precisa de la expresión selección natural; pero, es que, además, el título del sexto es ya "Dificultades de la Teoría", con lo cual la tal Teoría ha de estar expuesta antes del sexto y no puede estarlo en el quinto que se dedica a las Leyes de la Variación. Además, el propio título del capítulo cuarto: "La selección natural o la supervivencia de los más aptos" (*Natural Selection: or the survival of the fittest*) indica que es en ese capítulo en donde hemos de buscar la esperada explicación de tan importante elemento en el ideario darwiniano: la selección natural. En el texto del capítulo, incluyendo epígrafe y títulos de secciones, la expresión se encuentra mencionada hasta **un total de ochenta y seis veces**. Nuestra investigación se ha dirigido, pues, a este capítulo, cuya función principal es la de asentar (ya que no definir, lo cual es imposible por haberse basado en un error) la expresión *selección natural* y cuya estructura exponemos a continuación.

El capítulo cuarto de OSMNS, titulado La Selección Natural o la Supervivencia de los más Aptos, cuyo análisis de las figuras retóricas se presenta en el apéndice segundo, contiene los párrafos comprendidos entre el 112 y el 210 de la obra.

Una lista al principio del capítulo (epígrafe) incluye catorce apartados, pero sus títulos son diferentes de los que aparecen a lo largo del capítulo. Este descuido se suma así a la arbitrariedad en el lenguaje manifiesta en los títulos de los apartados, tanto de los que aparecen al principio como de los que aparecen en el curso del capítulo que compararemos a continuación. Así, los catorce apartados del epígrafe son:

1. <u>Selección natural</u>: su fuerza comparada con la selección del hombre; su poder sobre caracteres de escasa importancia; su influencia en todas las edades y en los dos sexos.
2. Selección sexual.
3. Acerca de la generalidad de los cruzamientos entre individuos de la misma especie.
4. Circunstancias favorables y desfavorables para los resultados de la <u>selección natural</u>, a saber: cruzamiento, aislamiento y número de individuos.
5. Acción lenta.
6. Extinción producida por la <u>selección natural</u>.
7. La divergencia de caracteres relacionada con la diversidad de los habitantes de toda estación pequeña y con la aclimatación.
8. Acción de la <u>selección natural</u> mediante la divergencia de caracteres y la extinción, sobre los descendientes de un progenitor común.

9. Explica la agrupación de todos los seres orgánicos.
10. Progreso en la organización.
11. Conservación de las formas inferiores.
12. Convergencia de caracteres.
13. Multiplicación indefinida de las especies.
14. Resumen.

En cuatro ocasiones (subrayadas) aparece la expresión "selección natural" en esta lista de contenidos que encabeza el capítulo; no obstante, a lo largo del capítulo vemos que estos catorce apartados prometidos en el epígrafe han sido substituidos por otros once. Así, a lo largo del capítulo, nos encontramos con las siguientes secciones:

1. Introducción (sin título). Trece párrafos: 112-124. Suponemos que contiene el texto correspondiente a la sección anunciada anteriormente como: "Selección natural: su fuerza comparada con la selección del hombre; su poder sobre caracteres de escasa importancia; su influencia en todas las edades y en los dos sexos"

2. Selección sexual. Cinco párrafos: 125-129.

3. Acerca de la generalidad de los cruzamientos entre individuos de la misma especie). Esta sección anunciada en el epígrafe **no se encuentra a lo largo del texto**.

4. Circunstancias favorables y desfavorables para los resultados de la selección natural, a saber: cruzamiento, aislamiento y número de individuos). Esta sección anunciada en el epígrafe **no se encuentra a lo largo del texto**.

5. Acción lenta). Esta sección anunciada en el epígrafe **no se encuentra a lo largo del texto**.

3. Ejemplos de la acción de la <u>selección natural</u> o de la supervivencia de los más aptos. **Esta sección no se encontraba anunciada en el epígrafe** y comprende diez párrafos: 130-139.

4. Sobre el cruzamiento de los individuos (Acerca de la generalidad de los cruzamientos entre individuos de la misma especie). Nueve párrafos: 140-152.

5. Circunstancias favorables para la producción de nuevas formas por <u>selección natural</u> (Circunstancias favorables y desfavorables para los resultados de la <u>selección natural</u>, a saber: cruzamiento, aislamiento y número de individuos). Doce párrafos: 153-166.

6. Extinción producida por la <u>selección natural</u>. Tres párrafos: 167-169.

7. Divergencia de caracteres (La divergencia de caracteres relacionada con la diversidad de los habitantes de toda estación pequeña y con la aclimatación). Diez párrafos: 170-179.

8. Efectos probables de la acción de la <u>selección natural</u>, mediante la divergencia de caracteres y la extinción, sobre los descendientes de un progenitor común (Acción de la <u>selección natural</u> mediante la divergencia de caracteres y la extinción, sobre los descendientes de un progenitor común). Dieciocho párrafos: 180-197.

9. Explica la agrupación de todos los seres orgánicos). Esta sección anunciada en el epígrafe **no se encuentra a lo largo del texto**.)
10. Sobre el grado en que tiende a progresar la organización (10. Progreso en la organización). Ocho párrafos: 198-205.
11. Conservación de las formas inferiores. Esta sección anunciada en el epígrafe **no se encuentra a lo largo del texto**.)
12. Convergencia de caracteres. Corresponde a la sección 12 del epígrafe. Tres párrafos: 206-208.
13. Multiplicación indefinida de las especies). Esta sección anunciada en el epígrafe **no se encuentra a lo largo del texto**.
14. Resumen. Corresponde a la sección 14 del epígrafe. Seis párrafos: 209-214.

Vemos que: 1). En el texto se ha reducido el número de apartados de catorce a diez. En realidad hemos contado once pero la Introducción aparece sin título en el texto. 2). Aparece sin título el primer apartado que en el epígrafe de cabeza de capítulo se llamaba:

Selección natural: su fuerza comparada con la selección del hombre; su poder sobre caracteres de escasa importancia; su influencia en todas las edades y en los dos sexos. Suponemos que este apartado será fundamental para comprender el concepto de selección natural y por ello hemos dirigido a él en primer lugar nuestro análisis.

Contiene este apartado inicial doce párrafos, en los cuales aparece veintiocho veces la expresión "selección natural". Vemos ya que **es muy difícil definir esta**

expresión y pensamos que puede ser debido, como indicábamos arriba, a que se ha construido tomando como base un error (la metonimia que consiste en confundir selección con mejora genética, nombrando a ésta como selección) y manteniéndolo mediante la adición de un conjunto de figuras retóricas interrelacionadas. Pronto veremos un buen ejemplo que mostrará que la única manera de escapar de un error sin reconocerlo es construir a su alrededor una montaña de errores.

6. Cuatro figuras retóricas principales y otras de segundo orden configuran el darwinismo

El capítulo cuarto de OSMNS[53] constituye la parte central del libro, su motor, el corazón que bombea confusión hacia todos los rincones de la obra. Este capítulo está construido sobre un conjunto de figuras retóricas firmemente ancladas unas sobre otras que vamos a analizar a continuación (figura 1). Antes queremos indicar que frecuentemente las figuras descubiertas mediante el análisis del estilo constituyen la fachada visible de una serie de defectos en la argumentación. Nuestro trabajo es un análisis formal; es decir, parte de la descripción del conjunto de estas figuras que constituye una fachada aparente (estilística) pero, más allá de esto, pretende descubrir la estructura real del edificio que las figuras ocultan (argumentación). Si la fachada está formada por una serie de figuras, la estructura real del edificio contiene una serie de errores de argumentación construidos a partir del error fundamental que, como anticipábamos en el capítulo anterior, es la metonimia fundacional del darwinismo: el autor confunde selección con mejora (*breeding*). Toma la parte por el todo y llama selección a todos los procesos que intervienen en la actividad de mejora genética (*breeding*).

---

[53] Recordemos que OSMNS es el acrónimo que utilizamos para «El Origen de las Especies por medio de la Selección Natural o la Supervivencia de las Razas Favorecidas en la Lucha por la Vida»

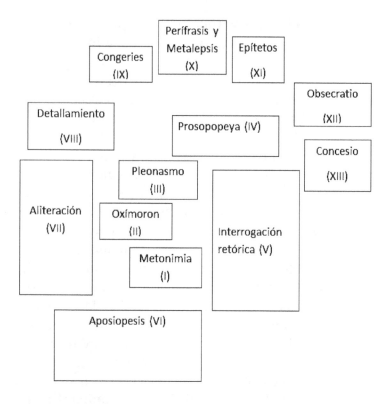

Figura 1: Conjunto de figuras retóricas firmemente ancladas unas sobre otras que se deduce del análisis del capítulo 4 del Origen de las Especies.

No contento con ello, utiliza frecuentemente la expresión de «selección natural», la intenta definir sin éxito y, finalmente, para mantenerla en pie, se ve obligado a darle un **sinfín de atribuciones**. Todo este proceso es la base de la retórica darwinista constituida por cuatro figuras principales: **metonimia**, **oxímoron**, **pleonasmo** y **prosopopeya** (figura 1), pero que, como decimos, ocultan en su núcleo central sendos errores de argumentación. A estas figuras principales (y sobre sus respectivos errores), se añaden otras secundarias a lo largo del texto que mantienen vivo y dinámico el conjunto. Son éstas: interrogación retórica; aposiopesis; aliteración; detallamiento; congeries; perífrasis y metalepsis; epítetos; *obsecratio* y *concesio* (esquema 1). Hay otras figuras, de las que veremos algunas, pero estas trece sirven para describir el esquema fundamental sobre el cual el autor ha desarrollado su obra sirviéndose de múltiples repeticiones. Insistiendo una y otra vez hasta asegurarse de que el lector traga su píldora y admite la selección natural como algo real, serio. Fuerza, acción, poder, teoría, ley, ley natural, ley científica, cualquier cosa o las combinaciones que el lector prefiera con tal de que no veamos la única verdad posible: la selección natural no existe.

La selección natural, significante sin significado, es un concepto basado en un error y resulta imposible fundamentar una teoría científica en un error. La ciencia exige rigor, precisión y jamás podrá definirse bien un concepto basado en una concepción errónea. Unas veces hecho, otras fenómeno, y también proceso, mecanismo, teoría, hipótesis, ley o principio. Nunca podremos saber de qué se trata porque sólo se trata de un juego de palabras. Nunca se podrá medir ni cuantificar la selección natural a no ser que se tome prestada otra magnitud cualquiera que, desde luego, si se puede medir, estará bien definida, y por lo tanto no será la selección natural. Contaremos así el número de individuos que tienen una determinada característica o calcularemos la proporción de alelos de un gen en una población. Tales medidas tendrán sus unidades pero no admitiremos que mediante ellas estamos midiendo la selección natural. Contaremos individuos, calcularemos proporciones de alelos o genes, hablaremos de cambios de frecuencia. Eso sí, pero no existen en la naturaleza unidades de selección puesto que en la naturaleza no hay selección. En un intento de ocultar su error fundacional y con el objetivo de transmitir las premisas básicas de una ideología, el autor sembrará la confusión repitiendo una y otra vez las figuras centrales de su esquema, los clichés favoritos de su ideología: la selección natural, la supervivencia de los más aptos, la lucha por la vida.

El propio título del capítulo nos presenta ya condensadas tres de las cuatro figuras principales: *La Selección Natural o la Supervivencia de los más Aptos*. En un uso veraz del lenguaje, las figuras retóricas están enderezadas a **complementar la argumentación, pero no a substituirla**. La expresión «selección natural» encierra dos de ellas puesto que deriva de una metonimia (la confusión entre selección y mejora), y constituye un oxímoron: la naturaleza no selecciona y nada puede ser a la vez natural y seleccionado. Expresión sin significado a la que inmediatamente (ya en el título) el autor viene a otorgar un significado arbitrario: la supervivencia de los más aptos. Pero ¿qué es la supervivencia de los más aptos? Es, como veremos enseguida, un pleonasmo. ¿Quiénes son los más aptos?

Los que sobreviven. La selección natural, que no puede significar nada, pues la naturaleza no selecciona, viene a adquirir ahora este significado que quiere decir que sobreviven los que sobreviven.

El autor construye castillos en el aire, pero, para hacerlos creíbles, a la fuerza necesita que su edificio tenga una fábrica compleja, que su estructura principal —que es un conjunto de errores— no aparezca jamás a la vista. Pero decir jamás es mucho decir y, en un momento dado, será el mismo autor quien descubrirá sus cartas para volver a ocultarlas acto seguido en un prodigioso juego malabar. Veremos esta jugada maestra, la excepción que confirma la regla y que viene a apuntalar magistralmente a la selección natural. Detectaremos el preciso momento en el que el autor realiza este acto de prestidigitación, visto y no visto, en un párrafo monumental añadido para las últimas ediciones, cuando más adelante estudiemos el segundo párrafo que en un total de trescientas veintiocho palabras contiene más de treinta figuras retóricas (ver apéndice 2). El lenguaje permite acumular recursos sobre recursos, figuras retóricas sobre figuras retóricas ocultando una serie encadenada de errores con una sola condición: la osadía del autor no ha de tener límites. El lenguaje se convierte así en metalenguaje y la selección natural, la lucha por la supervivencia, no solamente es admitida sino que adquiere la categoría de mito, dogma de fe, axioma, un principio intocable e indiscutible sobre el que se fundamentan multitud de textos escritos a lo largo de casi doscientos años de locuacidad estéril en torno a la evolución. Cuando un recurso falaz está a punto de ser descubierto, se añade otro y luego otro más y así sucesivamente de manera que no haya lugar a frenar el discurso para decir: ¡Basta! Dejado a su libre albedrío, con el debido apoyo de instituciones científicas y poderosas editoriales, y con la única condición de no reconocer jamás bajo ningún pretexto su error fundacional, un ya muy numeroso conjunto de autores ha venido a construir castillos en el aire de la magnitud deseada, ilimitada. Condición única: La aceptación de una norma impuesta, el dogmatismo. No ver la única realidad posible: que la selección natural no existe salvo como un conjunto de errores. La única manera de prolongar una farsa consiste en el intento de hacerlo indefinidamente. En los juegos de palabras, cuanto más grande el disparate, mejor se sostiene. Sin límites. Pero veamos ya cómo se construye esta máquina de sembrar la confusión.

I.   Metonimia

Metonimia es tomar la parte por el todo. La construcción de la expresión selección natural se basa en una falta de atención e interés por el tema objeto de estudio. Si el autor hubiese distinguido adecuadamente entre selección y mejora, nunca habría llamado a nada selección natural, puesto que el trabajo de mejoradores agrícolas y ganaderos no se llama selección artificial sino mejora genética (*breeding* en inglés). Así pues, para acuñar la expresión «selección natural» el autor ha debido cometer un error tomando la parte por el todo. Una metonimia. Para Adelino Cattani, en su libro *Los usos de la retórica*: «presentar sólo una parte de los hechos [...] equivale a decir literalmente la verdad diciendo implícitamente una mentira, o mejor implicándola.»[54]

Tanto la metonimia como la sinécdoque, son figuras de la sustitución que, como dicen Perelman y Olbrechts-

---

[54] A. CATTANI, Los usos de la Retórica, Bolonia 2001, trad. esp. de J. Linares de la Puerta, Madrid 2003, 78.

Tyteca [55] aparecen, según los autores, descritas y definidas de modo diverso.

En efecto, ambas figuras se basan en una relación de contigüidad, pero la diferencia entre ambas se puede entender de diferentes maneras. Según Albaladejo[56], la sinécdoque establece relación de contigüidad cuando hay relación del todo a la parte o de la parte al todo; el resto de figuras basadas en relaciones de contigüidad serían metonimias. En cambio, Lausberg[57] entiende la sinécdoque como una de las muchas variantes de metonimia, consistente ésta en usar para referirse a algo no la palabra propia, sino otra que guarda algún tipo de relación (de contigüidad): en concreto, sinécdoque sería la que, empleando un término que implica un todo, se refiere sólo a una parte, mientras que, la que, empleando un término que sólo se refiere a una parte, para referirse a un todo, sería una metonimia con relación de símbolo. Pujante explica que la distinción entre ambas no siempre está clara, pero la sinécdoque puede ser el todo por la parte o la parte por el todo, mientras que la metonimia es siempre tomar la parte por el todo[58].

En síntesis, si la relación de contigüidad tiene que ver con la parte y el todo, una metonimia usa un término para referirse a otro con el que guarda relación real. Y,

[55] CH. PERELMAN–L. OLBRECHTS-TYTECA, *Tratado de la Argumentación. La Nueva Retórica*, París 1958, trad. esp. de J. Sevilla Muñoz, 3ªreimp. Madrid 1989, 515.
[56] T. ALBALADEJO MAYORDOMO, *Retórica*, Madrid 1989, 151-152.
[57] H. LAUSBERG, *Manual de Retórica Literaria*, vol. II, trad. esp. de J. Pérez Riesco, Madrid 1967, 71-74.
[58] D. PUJANTE, *Manual de retórica*, Madrid 2003, 219-223.

si se trata de una metonimia con relación de símbolo, usa un término que alude sólo a una parte para referirse al contenido de un todo: por ejemplo, decir "estamos tomando una cerveza", en vez de "estamos tomándonos unas cervezas y comiéndonos unos aperitivos"; o bien "me han regalado un Velázquez" en vez de "me han regalado un cuadro de Velázquez"; sinécdoque, inversamente, es la que se emplea al usar un término que alude a un todo para referirse únicamente a una parte: por ejemplo, decir "español" para referirse al castellano o decir "América" para referirse a Estados Unidos. Ambas son figuras de lo conveniente, porque aprovechan a la eficacia de la argumentación o de la persuasión según el significante que a éstas conviene (Lausberg, 1967, 380-381). En el caso que nos ocupa, es decir cuando Darwin confunde selección (la parte) con el todo (mejora genética, *breeding*) nos parece lo más adecuado referirnos a ello como metonimia. Para mantenerla, a continuación ha construido un oxímoron.

II. Oxímoron

El oxímoron o cohabitación es una figura retórica que suele considerarse como una forma especial[59] de la antítesis o antíteton.[60] La antítesis contrapone grupos

---

[59] J.A. MAYORAL, *Figuras retóricas*, Madrid 1994, 269; B. MORTARA GARAVELLI, *Manual de retórica*, Milán 1988, trad. esp. de M.J. Vega, 3ªed. Madrid 2000, 273; D. PUJANTE, *Manual de retórica*, Madrid 2003, 269; H. LAUSBERG, *Manual de Retórica Literaria*, vol. II, trad. esp. de J. Pérez Riesco, Madrid 1967, 222-223.
[60] Llamada *contentio* por la *Retórica a Herenio* IV, 15.

sintácticos o elementos semánticos opuestos, [61] mientras que el oxímoron establece una función sintáctica de dos constituyentes incompatibles o contradictorios por su significado, por lo que entre ambos existe una incoherencia sémica interna que hace que se excluyan mutuamente. Desde el punto de vista de los niveles argumentativos, puede incluirse dentro del *lógos*. El valor argumentativo del oxímoron radica en que, combinado a menudo con figuras como el políptoton, suele servir para conformar «esquemas de disociación» (técnicas destinadas a desgajar elementos considerados componentes de un todo o, al menos, de un conjunto solidario),[62] las cuales sirven para allanar el camino a la hora de **condicionar la elección de un interlocutor** al que se pretende disuadir.

Atrapado en el oxímoron en el que se encuentra obligado a creer firmemente, el lector es presa de un autor que utilizará el lenguaje a su voluntad. En la novela de Orwell titulada 1984 se encuentran numerosos ejemplos de oxímoron que el poder produce para sembrar la confusión entre sus súbditos, "los proles", y así amedrentarlos, dominarlos. Entre ellos están el doblepensar, el crimental, el negroblanco o las consignas del partido: La Guerra es la Paz. La Libertad es la Esclavitud. La Ignorancia es la Fuerza.

---

[61] H. LAUSBERG, *Manual de Retórica Literaria*, vol. II, trad. esp. de J. Pérez Riesco, Madrid 1967, 210; D. PUJANTE, *Manual de retórica*, Madrid 2003, 270; T. ALBALADEJO MAYORDOMO, *Retórica*, Madrid 1989, 146.
[62] CH. PERELMAN–L. OLBRECHTS-TYTECA, *Tratado de la Argumentación. La Nueva Retórica*, París 1958, trad. esp. de J. Sevilla Muñoz, 3ªreimp. Madrid 1989, 299-300. El epánodo es un políptoton conformado por verbos (puedo prometer y prometo..)

Otros ejemplos de la vida cotidiana o del ámbito de la ciencia son: crecimiento negativo, déficit cero, derecho de estado, DNA basura, economía de la naturaleza, filosofía materialista, fondos públicos, fuego amigo, gen egoísta, historia del tiempo, historia del universo, libertad vigilada, opción única, progreso indefinido, servicio secreto, sexo telefónico o soberanía popular.

Selección natural es uno de estos conceptos imposibles, que no por ello dejan de ser utilizados hasta la saciedad. Un *flatus vocis* o fantasma semántico. Recordemos que el autor ha partido en el primer capítulo de los trabajos de ganaderos y agricultores (*breeding*, mejora genética) en los que la selección es parte importante, pero no la totalidad. En su uso de la palabra selección el autor ha confundido la parte con el todo. Las variedades de animales y plantas domésticas no se han obtenido por selección, sino por un proceso que incluye a la selección y que en español se denomina mejora genética y en inglés *breeding*. Tal vez en la época de Darwin no existiera la mejora genética, pero sí existía la técnica que en inglés se llamaba ya *breeding*, y confundirla con la selección constituía ya el error de tomar la parte por el todo. Puestos a nombrar correctamente, el título de éste cuarto capítulo no debería haber sido La Selección Natural o la Supervivencia de los más Aptos (*Natural Selection or Survival of the Fittest*) sino La Mejora Natural o la Supervivencia de los más Aptos (*Natural Breeding or Survival of the Fittest*) con lo cual la teoría se habría ido al traste poniendo en evidencia su falsedad: no hay nada que pueda llamarse *natural breeding*, como tampoco hay nada que pueda llamarse mejora natural ni tampoco nada que pueda llamarse selección natural.

En la Naturaleza nadie selecciona y no hay selección alguna.

Encontramos otros ejemplos de oxímoron en el capítulo y, en particular en sus primeros párrafos (*casi universalmente*; *la variabilidad que encontramos en nuestras producciones domésticas no está producida directamente por el hombre*; *el hombre no puede crear variedades ni impedir su aparición*; *puede únicamente conservar y acumular aquellas que aparezcan*; *Involuntariamente, el hombre somete los seres vivientes a nuevas y cambiantes condiciones de vida*).

Volveremos a encontrarnos más adelante con el oxímoron selección natural.

Atrapado en flagrante delito, el autor encuentra pronto una manera de escapar de esta situación, mediante el recurso a una tercera figura de la retórica...

III. Pleonasmo

Selección natural, un oxímoron, se caería por su propio peso si no estuviese apoyado en un tercer recurso. Por eso, presto el autor ha escrito una definición para selección natural que encontramos en el propio título del Capítulo: La Selección Natural o Supervivencia de los más Aptos. Sin salir todavía del propio título del capítulo cuarto tenemos ya que éste incluye una definición de la selección natural: supervivencia de los más aptos. Pero... ¿qué significa ser más o menos apto? Ser más o menos apto para algo significa poder hacerlo mejor o peor, pero en general, ser más apto para la vida significa tener una mayor posibilidad de supervivencia.

El más apto es ni más ni menos el que sobrevive. El pleonasmo tiene lugar cuando la frase está sobrecargada con palabras inútiles[63], innecesarias por ser redundantes[64]. Sobran palabras, y por lo tanto, es una falta contra la brevedad [65]. Ejemplos: subir arriba, mundo mundial, entrar dentro, etc. En general, si lo que sobra es una u otra palabra, es pleonasmo, pero, si lo que sobra es más de una o incluso una oración entera, estamos ante una macrología o perisología[66]. Ambas figuras se diferencian de la tautología en que en ésta lo que se repite sin necesidad es exactamente la misma palabra o el mismo grupo de palabras; las tres tienen en común su utilidad para reforzar y encarecer lo que se está diciendo.

Algunos autores como Peters (1976) han visto en la expresión "supervivencia de los más aptos" una tautología y Fernando Vallejo (2002) denominó a dicha expresión la tautología más hipócrita de toda la historia de la ciencia. La diferencia entre tautología y pleonasmo depende del tipo de análisis. Algunos pleonasmos descubiertos mediante el análisis formal se revelarán como tautologías en un análisis de argumentación. Desde el punto de vista de la argumentación "supervivencia de los más aptos" es, sin duda, una tautología, pero la hemos clasificado como

---

[63] B. MORTARA GARAVELLI, *Manual de retórica*, Milán 1988, trad. esp. de M.J. Vega, 3ªed. Madrid 2000, 338.
[64] J.A. MAYORAL, *Figuras retóricas*, Madrid 1994, 128-129.
[65] H. LAUSBERG, *Manual de Retórica Literaria*, vol. II, trad. esp. de J. Pérez Riesco, Madrid 1967, 37.
[66] H. LAUSBERG, *Manual de Retórica Literaria*, vol. II, trad. esp. de J. Pérez Riesco, Madrid 1967, 37-38.

pleonasmo puesto que nuestro análisis parte de puntos de vista formales.

Según Pujante[67] macrología es un empleo de más palabras de las necesarias, mientras que la tautología es una repetición, por torpeza, de palabra o locución. Para Mortara Garavelli[68] el pleonasmo se halla en estrecha relación con la congeries que veremos más adelante.

Nos encontramos aquí ante un pleonasmo ejemplar: supervivencia de los más aptos es que sobreviven los que sobreviven, pero no contento con eso el autor viene a igualarlo con selección natural configurando así una nueva figura: la duplicación léxica (ver más adelante su descripción en el apartado de congeries). Ambas expresiones son dos maneras distintas de no decir nada: sólo poner palabras sobre palabras, sin significado alguno, y es precisamente por esto por lo que el edificio no debe permanecer estático. Se vería pronto que está construido sobre un conjunto de errores. Para evitarlo, a este juego de palabras el autor debe darle alas, imprimirle movimiento. Tanto la selección natural como la supervivencia de los más aptos, expresiones carentes de todo significado, cobrarán un significado aparente, es decir falso, cuando el autor les otorgue decididamente capacidades de acción. Nos encontramos ante un cuarto recurso que es la prosopopeya, la personificación y con su descripción

---

[67] D. PUJANTE, *Manual de retórica*, Madrid 2003, 247.
[68] B. MORTARA GARAVELLI, *Manual de retórica*, Milán 1988, trad. esp. de M.J. Vega, 3ªed. Madrid 2000, 136.

cerraremos este apartado dedicado a los cuatro recursos principales.

IV. Prosopopeya

La prosopopeya o personificación puede definirse como la creación ficticia de una persona a partir de algo que no lo es. Así pues, esta figura retórica, [69] literalmente, es un fingimiento;[70] por eso los romanos generalmente la llamaron «ficción de una persona» (*fictio personae*),[71] y, como ejercicio de la Escuela de Retórica, según Hermógenes, consiste en la creación de un «personaje irreal», puesto que a una cosa le atribuye características de una persona. Esta figura se incluye, desde el punto de vista de los niveles argumentativos, en el *êthos*.[72] En particular, el valor argumentativo y

---

[69] L. VEGA REÑÓN—P. OLMOS GÓMEZ (eds.), *Compendio de Lógica, Argumentación y Retórica*, MADRID 2011, 256.

[70] Así, Mayoral la define como «fingimiento de toda suerte de realidades *sub specie personae*» en J.A. MAYORAL, *Figuras retóricas*, Madrid 1994, 279. Fontanier la incluye, junto a la fabulación, entre las figuras de pensamiento creadas «por imaginación».

[71] B. MORTARA GARAVELLI, *Manual de retórica*, Milán 1988, trad. esp. de M.J. Vega, 3ªed. Madrid 2000, 301; La *Retórica a Herenio* la llama *conformatio*.

[72] Puesto que se haya próxima al *páthos* (por la irrealidad objetiva y el patetismo que son congénitas a la figura), otros autores comúnmente la sitúan en el *páthos* al resaltar su carácter de «figura patética», cf. v.g. M.J. DE PEÑA Y REINOSO, *Lecciones elementales de Retórica*, Santiago de Cuba 1882 (reimp. Santo Domingo 2005); sin entrar en profundas disquisiciones, nuestra decisión de encuadrarla más bien en el *êthos* a pesar de su proximidad al *páthos* se debe a su vinculación, por definición, con aquello que caracteriza el *êthos* según los tratadistas clásicos, a pesar de que refuerce aún más nuestras conclusiones esa otra idea de que se vincule más al *páthos*.

persuasivo de esta figura estriba en que hace posible convertir algo en sujeto activo real, de tal modo que condiciona la elección del interlocutor al que se pretende persuadir[73]. Psicológicamente[74], predispone al interlocutor para que acepte emocionalmente una argumentación porque su mecanismo retórico de persuasión se enmarca en la teoría de la catarsis ritual[75] y porque pone, «por decirlo así, al rojo vivo su fantasía creadora»[76]. Puede ser de dos tipos: mediante el fingimiento de discursos o mediante el fingimiento de otros comportamientos personales[77].

No nos costará mucho encontrar la prosopopeya que ha de sostener a esa extraña combinación de metonimia, oxímoron, y pleonasmo que es el título del capítulo cuarto. Bastará con leer su primera frase:

La lucha por la existencia, brevemente discutida en el capítulo anterior, ¿cómo obrará en lo que se refiere a la variación?

---

[73] Cf. CH. PERELMAN–L. OLBRECHTS-TYTECA, *Tratado de la Argumentación. La Nueva Retórica*, París 1958, trad. esp. de J. Sevilla Muñoz, 3ªreimp. Madrid 1989, 507-509.

[74] «todas las imágenes tienden a la personificación y son estrategias psíquicas de acercamiento físico, racional y afectivo, de adhesión y de identificación» J.A. Hernández Guerrero 2002, Logo, II, 2, págs. 35-52.

[75] El hijo de la Persuasión (Instituto de Estudios Riojanos 1999, 90-91; 164. es una de las figuras que acrecientan la emoción, de las que mejor se adaptan al aumento de los afectos, de las que consisten principalmente en la ficción y simulación 163

[76] H. LAUSBERG, *Manual de Retórica Literaria*, vol. II, trad. esp. de J. Pérez Riesco, Madrid 1967, 227.

[77] H. LAUSBERG, *Manual de Retórica Literaria*, vol. II, trad. esp. de J. Pérez Riesco, Madrid 1967, 242.

En la cual junto al pleonasmo (la lucha no obrará de ninguna manera), encontramos ya otras dos figuras (quinta y sexta, interrogación retórica y aposiopesis), vinculadas a esta prosopopeya o personificación que va implícita en la pregunta. Discutiremos en primer lugar la interrogación retórica...

V. Interrogación retórica

Al igual que la definición retórica no define nada, sino que crea un estado de mutuo acuerdo entre el autor y el lector, la interrogación retórica tampoco tiene como función la de aclarar una cuestión sino que, lanzada a modo de un guiño como expresión de complicidad, pretende crear un estado de acuerdo, de solidaridad mutua entre autor y lector. La interrogación retórica es una pregunta dirigida de modo enfático al destinatario y de la que no se espera respuesta alguna[78]. Al contrario, pretende eliminar todas las opciones discordantes con la afirmación que lleva implícita[79] y mostrar así, a través del uso del patetismo y la emotividad, como insostenible la afirmación contraria a la pregunta que se plantea, derribando la tesis contraria sin llevar a cabo, en realidad, ninguna demostración lógica[80], puesto que agita las pasiones del interlocutor no para obtener respuesta, sino su consentimiento o admiración[81]. Para Cattani (2003) se trata de una técnica eficaz aunque no completamente

---

[78] T. ALBALADEJO MAYORDOMO, *Retórica*, Madrid 1989, 146.
[79] B. MORTARA GARAVELLI, *Manual de retórica*, Milán 1988, trad. esp. de M.J. Vega, 3ªed. Madrid 2000, 150-151.
[80] A. LÓPEZ EIRE, *La naturaleza retórica del lenguaje*, Salamanca 2006, 214-216.
[81] D. PUJANTE, *Manual de retórica*, Madrid 2003, 265.

lícita que conduce a la aceptación de tesis parciales, las cuales al final obligan a dar la aprobación a la tesis principal. Es la técnica de trazar *a la chita callando* un camino que conduce a una meta oculta a la vista. Perelman y Olbrechts-Tyteca señalan: "Crawshay-Williams cree ver en semejantes preguntas la señal que nos advierte la presencia de un giro de carácter irracional" [82].

Así pregunta el autor en esa primera frase tan reveladora:

La lucha por la existencia, brevemente discutida en el capítulo anterior, ¿cómo obrará en lo que se refiere a la variación?

Y, mientras el dócil lector que el autor espera encontrar asiente adormecido en espera de una continuación según la arbitrariedad imperante, otros más espabilados o críticos, respondemos presto:

- *De ninguna manera, Mr. Darwin. La lucha es acción y las acciones no obran.*

Las acciones no obran. Quienes obran son los sujetos que las protagonizan. He aquí una de las múltiples prosopopeyas (personificaciones) observada en este capítulo, al atribuir a una acción (lucha por la existencia) las cualidades de un sujeto. Pero sigamos

---

[82] Cf. CH. PERELMAN–L. OLBRECHTS-TYTECA, *Tratado de la Argumentación. La Nueva Retórica*, París 1958, trad. esp. de J. Sevilla Muñoz, 3ªreimp. Madrid 1989, 256.

leyendo porque no contento con esta pregunta retórica, el autor la expone, acto seguido, de otra manera:

- *El principio de la selección, que hemos visto es tan potente en las manos del hombre, ¿puede tener aplicación en las condiciones naturales?*

Con lo cual el error se confirma: No existe principio alguno de selección. Ni en la naturaleza ni en manos del hombre. Ni lo hemos visto ni lo veremos. Ya hemos explicado antes (véase Metonimia) que mediante la selección el hombre no hace más que seleccionar y que las variedades y razas domésticas son el resultado de la mejora genética (*breeding*) y no de la selección. En la naturaleza no existe nada que pueda llamarse Principio de la Selección. Existe la selección, eso sí, que tiene lugar cuando el ganadero elige los progenitores de su próxima camada o el agricultor las semillas para su próxima siembra. Eso no es potente en manos de nadie si no hay una disposición en la naturaleza que nada tiene que ver con la acción de seleccionar. La potencia de las técnicas de mejora genética (*breeding*) no estriba en la selección sino en esa combinación de selección (realizada por el hombre) y potencial hereditario que hay en un carácter (heredabilidad). Contestaríamos de esta manera a tan capciosa pregunta:

P. - *El principio de la selección, que hemos visto es tan potente en las manos del hombre, ¿puede tener aplicación en las condiciones naturales?*
R. – *Jamás, Mr. Darwin. Deje ya de preguntar banalidades, por favor. El principio de selección ni lo*

hemos visto, ni es potente en manos del hombre, ni siquiera existe. Mucho menos tendrá aplicación alguna en las condiciones naturales. Nunca ningún principio de selección ni nada parecido actúa en las condiciones naturales.

La inclusión en la pregunta de la expresión *hemos visto* constituye una nueva figura que aparece antes de plantearse otra pregunta retórica. Se trata de nuevo de la misma figura detectada en la frase anterior cuando, al referirse a la lucha por la existencia se indicaba: *Brevemente discutida.* Como si realmente hubiese mucho que decir de ella (la lucha por la existencia) entonces. Como si realmente hubiésemos visto que el principio de selección es verdaderamente potente en el caso actual. ¿Cuál es la nueva figura que aparece en las dos ocasiones antes de la interrogación retórica?

VI. Aposiopesis

La aposiopesis (también llamada a menudo reticencia y en ocasiones identificada también con el epitrocasmo o *percursio*) y la preterición (también llamada parasiopesis o paralipsis) son figuras muy relacionadas entre sí[83] y sobre cuya distinción a veces no se ponen de acuerdo los tratadistas. Suele definirse la aposiopesis como la interrupción imprevista de algo que ya ha sido anunciado e iniciado[84], mientras que la preterición es una declaración de que se deja de hablar

---

[83] J.A. MAYORAL, *Figuras retóricas*, Madrid 1994, 177.

[84] B. MORTARA GARAVELLI, *Manual de retórica*, Milán 1988, trad. esp. de M.J. Vega, 3ªed. Madrid 2000, 291. Guarda relación con el anacoluto, que suele revelar estado de nerviosismo o de gran excitación emocional, sobre el anacoluto, cf. Ibid. 339-340.

de un argumento del que en realidad se mencionan tanto el nombre como los rasgos principales[85]. Este tipo de figuras son importantes en retórica porque dan origen al entimema[86]; por ello, se engloban, desde el punto de vista de los niveles argumentativos, en el *lógos*; pero, según cada uso particular, a veces también se aproximan al *êthos* o incluso al *páthos*. Es también importante porque sirven tanto para acrecentar la emoción[87], como para reforzar el argumento[88], en cuanto a que generan sensación de objetividad, sinceridad, ponderación y voluntad de moderación del que argumenta[89]. *Percursio* o epitrocasmo, según

---

[85] B. MORTARA GARAVELLI, *Manual de retórica*, Milán 1988, trad. esp. de M.J. Vega, 3ªed. Madrid 2000, 290. J.A. MAYORAL, *Figuras retóricas*, Madrid 1994, 195. Albaladejo Mayordomo define la preterición como «figura por la que se aparenta que se omite lo que en realidad se está diciendo», en T. ALBALADEJO MAYORDOMO, *Retórica*, Madrid 1989, 148; y la aposiopesis como «la omisión de uno o varios elementos que se espera que aparezcan a continuación de lo expresado o que se presuponen.», ibid. 142. Cf. CH. PERELMAN–L. OLBRECHTS-TYTECA, *Tratado de la Argumentación. La Nueva Retórica*, París 1958, trad. esp. de J. Sevilla Muñoz, 3ªreimp. Madrid 1989, 736.

[86] L. VEGA REÑÓN—P. OLMOS GÓMEZ (eds.), *Compendio de Lógica, Argumentación y Retórica*, MADRID 2011, 149: «las figuras de lo que no se dice, de lo que se suprime o se sugiere, como la e1ipsis, la preterición, la reticencia, la alusión, el énfasis. En términos de razonamiento retórico, dan origen al entimema, entendido como un razonamiento cuyos elementos no se explicitan íntegramente.»

[87] D. PUJANTE, *El Hijo de la Persuasión*, Logroño 1996, 163, 166, y D. PUJANTE, *Manual de retórica*, Madrid 2003, 259.

[88] D. PUJANTE, *Manual de retórica*, Madrid 2003, 280.

[89] CH. PERELMAN–L. OLBRECHTS-TYTECA, *Tratado de la Argumentación. La Nueva Retórica*, París 1958, trad. esp. de J. Sevilla Muñoz, 3ªreimp. Madrid 1989, 708-709; y también: 736-737, donde se señala su encuadramiento en las técnicas de atenuación.

Lausberg, es un conjunto de varias protericiones, figura a veces usada porque adentrarse en la argumentación sobre lo nombrado es desfavorable a la causa propia[90]; en cambio, la aposiopesis a veces se usa con objeto de captar el interés inmediato y más intenso, en cuyo caso sería una variante llamada *transitio*[91].

Dice el autor:

El principio de la selección, que hemos visto es tan potente en las manos del hombre, ¿puede tener aplicación en las condiciones naturales?

Pero la pregunta está lanzada con el destino de quedar en el aire, como música para los oídos reclamando una respuesta asimismo musical. La contestará mediante una nueva figura retórica: La Aliteración. Ésta sólo es perceptible en inglés.

VII. Aliteración

Aliteración u homeoproforon es una repetición frecuente de la misma consonante en un texto, a veces reducida por algunos solamente a cuando la repetición es en palabras consecutivas o en iniciales de palabra, para distinguirla de otras figuras que repiten finales de palabra, como el homeotéleuton y la rima[92]. Desde el

---

[90] H. LAUSBERG, *Manual de Retórica Literaria*, vol. II, trad. esp. de J. Pérez Riesco, Madrid 1967, 276.

[91] H. LAUSBERG, *Manual de Retórica Literaria*, vol. II, trad. esp. de J. Pérez Riesco, Madrid 1967, 280.

[92] H. LAUSBERG, *Manual de Retórica Literaria*, vol. II, trad. esp. de J. Pérez Riesco, Madrid 1967, 333; T. ALBALADEJO MAYORDOMO, *Retórica*, Madrid 1989, 140.

punto de vista de los niveles argumentativos, se halla a medio camino entre el *páthos* y la *léxis*. A menudo se usa para dar ritmo y así reforzar la expresividad de figuras como la aposiopesis[93]. Por otra parte, es significativo su valor de persuasión irracional como figura que genera ritmo, porque, como señala Aristóteles, el ritmo es un movimiento y, como tal, actúa en analogía con las pasiones humanas, que son también movimientos.

He aquí la respuesta que el autor se da a sí mismo:

I think we shall see that it can act most efficiently.
Para a continuación introducir otro par de recursos....

VIII.   Detallamiento

Detallamiento es la típica figura que utiliza el niño pequeño cuando inventa una mentira y quiere que, a base de detalles, resulte más veraz. Es una descripción en sus mínimos detalles y tiene múltiples variantes (hipotiposis, leptología, perífrasis, etc.). El lector interesado en el análisis particular de cada tipo puede acudir a Lausberg[94]. Sirve para dar sensación de realismo y tiene la ventaja de que, al igual que sinécdoque y metonimia, puede ser utilizado para comunicar solamente la parte que conviene a la persuasión o a la argumentación, puesto que se pueden elegir los detalles que conviene mencionar y la manera

---

[93] CH. PERELMAN–L. OLBRECHTS-TYTECA, *Tratado de la Argumentación. La Nueva Retórica*, París 1958, trad. esp. de J. Sevilla Muñoz, 3ªreimp. Madrid 1989, 736.
[94] H. LAUSBERG, *Manual de Retórica Literaria*, vol. II, trad. esp. de J. Pérez Riesco, Madrid 1967, 224-235.

de mencionarlos [95]. La hipotiposis (leptología) es un tipo de descripción muy vivida que pinta algo lejano o poco relacionado con el público de forma patética o muy emotiva ante los ojos, los oídos y la imaginación de ese público como si estuviese presente y asistiese a ello. Normalmente sirve para presentar de forma muy próxima realidades de carácter más bien abstracto.

He aquí el comienzo de un buen ejemplo:

Tengamos presente el sinnúmero de variaciones pequeñas y de diferencias individuales que aparecen en nuestras producciones domésticas, y en menor grado en las que están en condiciones naturales, así como también la fuerza de la tendencia hereditaria.

Sí, efectivamente, todo esto ha de ser tenido en cuenta, pero, aunque tengamos todo esto en cuenta, la selección será una parte de la mejora genética (*breeding*), en la naturaleza no habrá selección de ningún tipo y será incorrecto atribuir a sujetos ficticios las acciones que puedan ser descritas en la naturaleza. Pero la locuacidad del autor no queda ahí y el texto continúa:

Verdaderamente puede decirse que, en domesticidad, todo el organismo se hace plástico en alguna medida. Pero la variabilidad que encontramos casi universalmente en nuestras producciones domésticas no está producida directamente por el hombre, según han hecho observar muy bien Hooker y Asa Gray; el hombre

[95] H. LAUSBERG, *Manual de Retórica Literaria*, vol. II, trad. esp. de J. Pérez Riesco, Madrid 1967, 380-381.

no puede crear variedades ni impedir su aparición; puede únicamente conservar y acumular aquellas que aparezcan. Involuntariamente, el hombre somete los seres vivientes a nuevas y cambiantes condiciones de vida, y sobreviene la variabilidad; pero cambios semejantes de condiciones pueden ocurrir, y ocurren, en la naturaleza. Tengamos también presente cuán infinitamente complejas y rigurosamente adaptadas son las relaciones de todos los seres orgánicos entre sí y con condiciones físicas de vida, y, en consecuencia, qué infinitamente variadas diversidades de estructura serían útiles a cada ser en condiciones cambiantes de vida.

Fragmento en el que, mezcladas con el detallamiento, encontramos otras figuras, algunas ya familiares y otras, que explicadas a continuación con los números IX, X y XI, servirán para terminar este esquema central:

IX. Congeries

Dentro de los cuatro géneros de elocución[96], no hay acuerdo entre los tratadistas a la hora de establecer terminología y divisiones entre de los distintos tipos de figuras retóricas encuadradas en la congeries. La congeries o sinatroísmo es una acumulación coordinativa[97] de sinónimos[98]; según el número de

---

[96] H. LAUSBERG, *Manual de Retórica Literaria*, vol. I, trad. esp. de J. Pérez Riesco, Madrid 1966, 340.
[97] H. LAUSBERG, *Manual de Retórica Literaria*, vol. I, trad. esp. de J. Pérez Riesco, Madrid 1966, 134 y ss; J.A. MAYORAL, *Figuras retóricas*, Madrid 1994, 129.
[98] H. LAUSBERG, *Manual de Retórica Literaria*, vol. I, trad. esp. de J. Pérez Riesco, Madrid 1966, 344.

miembros establecidos por sinonimia, la serie sinonímica recibe una denominación, de modo que, si es una duplicación léxica, será una serie sinonímica binaria [99] . Nos interesa aquí el fenómeno de la **duplicación léxica**, cuyas variantes aparecen a veces bajo la etiqueta de ditología, hendíadis o endíadis[100], y diálage. Según Mortara, la ditología es una especie de repetición sinonímica que une dos vocablos complementarios de significado semejante [101] , la endíadis o hendíadis es la coordinación de dos expresiones para expresar un solo hecho, en lugar de usar una sola con subordinación[102], y, por último, la diálage está formada por dos sinónimos u otras locuciones y se endereza a conducir a una única conclusión[103]. Quintiliano la aproximaría al oxímoron cuando se usa esta mezcla coordinante de palabras con sentidos que no sólo pueden ser simplemente análogos, sino a veces incluso opuestos, en cuyo caso la cataloga como diálage [104]. Este uso de la diálage hace de ella una figura aparentemente de la presencia, con cuya forma se ve destinada a condicionar la elección del receptor y conducirle así a una única conclusión[105], puesto que

---

[99] J.A. MAYORAL, *Figuras retóricas*, Madrid 1994, 259-260.

[100] H. LAUSBERG, *Manual de Retórica Literaria*, vol. I, trad. esp. de J. Pérez Riesco, Madrid 1966, 139, § 673

[101] B. MORTARA GARAVELLI, *Manual de retórica*, Milán 1988, trad. esp. de M.J. Vega, 3ª ed. Madrid 2000, 242-243.

[102] B. MORTARA GARAVELLI, *Manual de retórica*, Milán 1988, trad. esp. de M.J. Vega, 3ª ed. Madrid 2000, 251.

[103] B. MORTARA GARAVELLI, *Manual de retórica*, Milán 1988, trad. esp. de M.J. Vega, 3ª ed. Madrid 2000, 246-247.

[104] D. PUJANTE, *Manual de retórica*, Madrid 2003, 247; D. PUJANTE, *El hijo de la Persuasión*, Logroño 1996, 170

[105] CH. PERELMAN–L. OLBRECHTS-TYTECA, *Tratado de la Argumentación. La Nueva Retórica*, París 1958, trad. esp. de J.

estas figuras pueden servir para **sugerir unas diferencias o establecer una identidad que condicionen la elección** del interlocutor.[106] Desde el punto de vista de los niveles argumentativos, se incluye en la *léxis*.

Ejemplos de congeries:

Principio de selección; Fuerza de la tendencia Hereditaria; conservar y acumular; muchas generaciones sucesivas.

X.   Perífrasis y metalepsis

La perífrasis es una figura peculiar, pues funciona como «un dispositivo que ha de llenarse con figuras diversas».[107] Consiste en un circunloquio que —si no se usa como complemento de una argumentación, sino como sustituto de ésta— sirve para condicionar al interlocutor, de modo que, en vez de convencerse en virtud de una demostración, lo haga condicionado por la manera convincente en que está expresado algo que, en realidad, no es más que un juicio de valor o una afirmación gratuita.[108] Es típica de usos poéticos, de manera que es habitual encontrarla en textos de

---

Sevilla Muñoz, 3ªreimp. Madrid 1989, 241, 281; B. MORTARA GARAVELLI, *Manual de retórica*, Milán 1988, trad. esp. de M.J. Vega, 3ªed. Madrid 2000, 246-247.

[106] B. MORTARA GARAVELLI, *Manual de retórica*, Milán 1988, trad. esp. de M.J. Vega, 3ªed. Madrid 2000, 244-245.

[107] B. MORTARA GARAVELLI, *Manual de retórica*, Milán 1988, trad. esp. de M.J. Vega, 3ªed. Madrid 2000, 196.

[108] CH. PERELMAN–L. OLBRECHTS-TYTECA, *Tratado de la Argumentación. La Nueva Retórica*, París 1958, trad. esp. de J. Sevilla Muñoz, 3ªreimp. Madrid 1989, 241-242; 277.

contenido mitológico junto con prosopopeyas y se utiliza a menudo en dichos textos para referirse a fenómenos de la naturaleza. [109] A diferencia del pleonasmo, que es superabundante en palabras que no añaden nada nuevo al concepto expresado, [110] la perífrasis se funda en circunloquios que evitan entrar en el mismo concepto, a veces para desviar la atención.

Ejemplos:

Verdaderamente puede decirse que; Viendo que indudablemente; se hace plástico en alguna medida.

Puede utilizarse para declarar autoevidente algo que no lo es en absoluto, [111] de manera que el lector, intimidado, asuma las afirmaciones del autor como si fueran demostraciones.

La metalepsis lleva a cabo una transposición de significado que conduce a una impropiedad contextual. [112] Al igual que la perífrasis, evita nombrar el concepto, utilizando otros términos y, al igual que la perífrasis, establece relaciones con otras figuras. [113] En concreto, sustituye un término recto por otro figurado al pasar, por relación sinecdóquica, metonímica o

---

[109] J.A. MAYORAL, *Figuras retóricas*, Madrid 1994, 200-201.
[110] Pero lo refuerzan y así, de cara al interlocutor, transforman en hechos lo que son meras opiniones o juicios de valor del autor, cf. CH. PERELMAN–L. OLBRECHTS-TYTECA, *Tratado de la Argumentación. La Nueva Retórica*, París 1958, 286-287.
[111] A. CATTANI, Los usos de la Retórica, Bolonia 2001, trad. esp. de J. Linares de la Puerta, Madrid 2003, 47.
[112] B. MORTARA GARAVELLI, *Manual de retórica*, Milán 1988, trad. esp. de M.J. Vega, 3ªed. Madrid 2000, 159.
[113] D. PUJANTE, *Manual de retórica*, Madrid 2003, 230.

metafórica, [114] de unas nociones a otras que permanecen sobreentendidas.[115] Esa relación cercana a la sinonimia la aproxima a las figuras de congeries, de las que se distingue por la ausencia de acumulaciones de sinónimos y porque no necesariamente mantiene relación de sinonimia inmediata (o inmediatamente perceptible) con el concepto al que se quiere aludir, sino mediata. Uno de los tipos de metalepsis es el del personaje-tapadera de una persona real, al que por ejemplo se le pueden atribuir, mediante relación sinecdóquica, una serie de rasgos, actos u opiniones.

Por ejemplo:

según han hecho observar muy bien Hooker y Asa Gray

En el ejemplo anterior, la metalepsis está expresada en combinación con una «perífrasis disimuladora» cercana a otra figura que es la *sermocinatio*,[116] puesto que hace una atribución a un tercero como estrategia para expresar o reforzar ideas propias del autor. Como explica Aristóteles,[117] es una de las mejores estrategias que existen, usada por Isócrates, para camuflar argumentos del *êthos* que podrían suscitar oposición en el destinatario y frenar así reacciones de odio o de considerar un soberbio al autor de una composición.

---

[114] J.A. MAYORAL, *Figuras retóricas*, Madrid 1994, 248; D. PUJANTE, *Manual de retórica*, Madrid 2003, 220.

[115] B. MORTARA GARAVELLI, *Manual de retórica*, Milán 1988, trad. esp. de M.J. Vega, 3ªed. Madrid 2000, 1560-161.

[116] B. MORTARA GARAVELLI, *Manual de retórica*, Milán 1988, trad. esp. de M.J. Vega, 3ªed. Madrid 2000, 303-304.

[117] Aristóteles, *Retórica* 1418b, 25-30.

XI. Epítetos varios y calificaciones

Según Lausberg[118], el epíteto es un complemento atributivo de un sustantivo, mientras que el de un nombre propio se convierte en antonomasia si se suprime el nombre. Ambos, sirven para calificar a algo o a alguien de manera útil a la argumentación, introduciéndose subrepticiamente en el ánimo del interlocutor y consiguiendo así atribuirle al objeto o persona una característica en particular, sin necesidad de demostración alguna[119]. Además de caracterizar las personas o cosas a las que se aplican[120], refuerzan el poder persuasivo del argumento porque producen un efecto emocional[121].

Ejemplos: *según han hecho observar muy bien Hooker y Asa Gray; Familiarizándose un poco, estas objeciones tan superficiales quedarán olvidadas.*

XII. *Obsecratio*, deesis u obsecración

Es una figura que sirve como ruego del emisor del mensaje al receptor, solicitando que éste le permita decir lo que dice, o dé validez a lo que está escuchando,[122][123] como el que dice a alguien que está

---

[118] H. LAUSBERG, *Manual de Retórica Literaria*, vol. II, trad. esp. de J. Pérez Riesco, Madrid 1967, 141-142.

[119] CH. PERELMAN–L. OLBRECHTS-TYTECA, *Tratado de la Argumentación. La Nueva Retórica*, París 1958, trad. esp. de J. Sevilla Muñoz, 3ªreimp. Madrid 1989, 277-278; 458 .

[120] J.A. MAYORAL, *Figuras retóricas*, Madrid 1994, 135.

[121] D. PUJANTE, *Manual de retórica*, Madrid 2003, 154-155; D. PUJANTE, *El hijo de la Persuasión*, Logroño 1996, 163, 166.

[122] H. LAUSBERG, *Manual de Retórica Literaria*, vol. II, trad. esp. de J. Pérez Riesco, Madrid 1967, 191.

sentado «¿me permite un momento, por favor?», y aprovecha que el otro usuario se levanta para sentarse él mismo. Es una de las figuras que, al intensificar el contacto con el oyente o lector [124] otorga carga emocional y puede dar empatía al discurso. Suele aparecer en combinación con la prosopopeya[125].

Un ejemplo de *obsecratio*, combinada con una concesio (figura que veremos después, aquí: *objeciones*) se encuentra en la conclusión del párrafo monumental:

Familiarizándose un poco, estas objeciones tan superficiales quedarán olvidadas

Y más adelante:

La Naturaleza -si se me permite personificar la conservación o supervivencia natural de los más adecuados - no atiende a nada por las apariencias, excepto en la medida que son útiles a los seres Y también en este caso en donde aparece también asociado a un nuevo oxímoron (ejemplos imaginarios):

Para que quede más claro cómo obra, en mi opinión, la selección natural, suplicaré que se me permita dar uno o dos ejemplos imaginarios.

Y finalmente, un ejemplo, en el que la descripción del trabajo de los criadores termina con una falacia ejemplar: *que es una ley general de la naturaleza el que*

---

[123] D. PUJANTE, *Manual de retórica*, Madrid 2003, 261.
[124] H. LAUSBERG, *Manual de Retórica Literaria*, vol. II, trad. esp. de J. Pérez Riesco, Madrid 1967, 190.
[125] J.A. MAYORAL, *Figuras retóricas*, Madrid 1994, 298.

ningún ser orgánico se fecunde a sí mismo durante un número infinito de generaciones, para después desembocar en *obsecratio*:

En primer lugar, he reunido un cúmulo tan grande de casos, y he hecho tantos experimentos que demuestran, de conformidad con la creencia casi universal de los criadores, que en los animales y plantas el cruzamiento entre variedades distintas, o entre individuos de la misma variedad, pero de otra estirpe, da vigor y fecundidad a la descendencia, y, por el contrario, que la cría entre parientes próximos disminuye el vigor y fecundidad, que estos hechos, por sí solos, me inclinan a creer que es una ley general de la naturaleza el que ningún ser orgánico se fecunde a sí mismo durante un número infinito de generaciones, y que, de vez en cuando, quizá con largos de tiempo, es indispensable un cruzamiento con otro individuo.

Admitiendo que esto es una ley de la naturaleza, podremos, creo yo, explicar varias clases de hechos muy numerosos, como los siguientes, que inexplicables desde cualquier otro punto de vista.

XIII.   *Concesio* o paromología

Consiste en reconocer que el argumento propio es desfavorable y, por tanto, se renuncia a combatir las objeciones que plantea el argumento contrario, que es verdadero, descalificando las objeciones, sin refutarlas, como si fueran de poca importancia, para poder continuar en el mismo argumento [126]. Sirve para continuar en el argumento, aunque sea erróneo, para ir mucho más lejos[127]. Se incluye entre las figuras cuya finalidad es, pura y llanamente, el interés por defender la propia causa [128, 129]. Al igual que el oxímoron, pretende que el lector u oyente admita lo que se le quiere imponer[130].

Tenemos un ejemplo de *concesio* en el primer párrafo:

Creo que hemos de ver que puede obrar muy eficazmente

Otro en el que hemos llamado párrafo monumental:

En el sentido literal de la palabra, indudablemente, selección natural es una expresión falsa

Y otro ejemplo un poco más adelante:

Bien sé que esta doctrina de la selección natural, de la que son ejemplo los casos imaginarios anteriores, está expuesta a las mismas objeciones que se suscitaron al principio contra las elevadas teorías de sir Charles Lyell

---

[126] H. LAUSBERG, *Manual de Retórica Literaria*, vol. II, trad. esp. de J. Pérez Riesco, Madrid 1967, 261.
[127] CH. PERELMAN–L. OLBRECHTS-TYTECA, *Tratado de la Argumentación. La Nueva Retórica*, París 1958, trad. esp. de J. Sevilla Muñoz, 3ªreimp. Madrid 1989, 739 .
[128] H. LAUSBERG, *Manual de Retórica Literaria*, vol. II, trad. esp. de J. Pérez Riesco, Madrid 1967, 258.
[129] H. LAUSBERG, *Manual de Retórica Literaria*, vol. I, trad. esp. de J. Pérez Riesco, Madrid 1967, 111.
[130] CH. PERELMAN–L. OLBRECHTS-TYTECA, *Tratado de la Argumentación. La Nueva Retórica*, París 1958, trad. esp. de J. Sevilla Muñoz, 3ªreimp. Madrid 1989, 252-255 .

acerca de los cambios modernos de la tierra como explicaciones de la geología; pero hoy pocas veces oímos ya hablar de los agentes que vemos todavía en actividad como de causas inútiles o insignificantes, cuando se emplean para explicar la excavación de los valles más profundos o la formación de largas líneas de acantilados en el interior de un país.

7. Construcción de la presa: análisis del título, epígrafe y dos primeros párrafos.

El capítulo cuarto de OSMNS, que no contribuye a entender el proceso de formación de especies ni propone explicación alguna sobre el mismo, puede valorarse como una original aportación al lenguaje científico, desarrollando un modo de hablar acerca de la naturaleza en el que expresiones vacías de contenido como *selección natural, supervivencia de los más aptos y lucha por la vida* se aceptan como si fueran conceptos científicos. Dejando para más adelante la discusión sobre si este modo de hablar resulta útil o por el contrario entorpece nuestra aproximación a los fenómenos naturales, nos conformaremos con abordar un análisis formal metódico de este capítulo. Empecemos por su título: «La Selección natural o la Supervivencia de los Más Aptos». Contiene, condensadas, las figuras que hemos denominado I, II y III que son respectivamente Metonimia, Oxímoron y Pleonasmo. Además, implícita en la conjunción disyuntiva hay oculta una pseudo-definición importante: *La Selección natural es la Supervivencia de los más aptos*, lo cual es una duplicación léxica. Pleonasmo es una expresión que contiene un exceso verbal (supervivencia de los más aptos es la supervivencia de los que sobreviven, es decir, nada) luego si esta expresión la igualamos con una tercera lo que estamos haciendo es poner tres veces seguidas lo mismo, es decir:

Selección natural= Sobreviven algunos= Sobreviven los que sobreviven=nada.

A la pregunta ¿Qué es la selección natural?, que veíamos responder de manera ambigua en capítulos anteriores, se le da ahora una respuesta que viene a confirmar la ambigüedad. Ahora la respuesta es: *La selección natural es que no todos los seres vivos sobreviven, sólo algunos.* Sí, de acuerdo, contestamos, pero: ¿Cuáles son los que sobreviven?, volvemos a preguntar. La respuesta es obvia: *Sobreviven los más aptos, es decir los que sobreviven.* Pero, terminemos ya la serie con una última pregunta: ¿Qué significa sobrevivir? El análisis más somero revela que sobrevivir así, por sí mismo, es un verbo que no significa nada si no se nos indica de qué estamos hablando. Siempre se sobrevive a algo (a una catástrofe, a una enfermedad, a una guerra, a una hambruna, o simplemente al paso de los años); pero, en el último caso se ve claramente que la supervivencia siempre tiene lugar de modo limitado, pues nadie aguanta sin límite el transcurso de los tiempos. Es imposible basar teoría científica alguna en un concepto tan amplio y tan difuso como es el de supervivencia, puesto que en cada caso en que vayamos a medir la supervivencia (contar los individuos que sobreviven), nos veremos obligados a precisar las condiciones que podrán ser tan diversas como situaciones puedan ofrecerse en la vida. Jamás encontraremos regla alguna que podamos aplicar a todos los casos y que nos explique por qué unos sobreviven y otros no. Por el contrario, cada caso requerirá su explicación particular y meticulosa, lo cual es contrario a una teoría científica que, por definición, tiende a dar explicaciones de validez general.

La confusión está sembrada, pues, además de los recursos retóricos descritos —por si fuera poco—

vemos que se han aplicado en torno a un error (la confusión de selección con mejora) y además a un verbo cuyo uso necesita de una precisión que en este caso no tiene: sobrevivir. La selección natural no existe y la supervivencia de los más aptos no significa nada, si no se nos indica frente a qué condiciones se está considerando esta supervivencia. Nada tiene que ver la supervivencia de los cocoteros que puedan quedar después de un tsunami, con la de los cachorros en una camada de setter. Nada tiene que ver la supervivencia de los cachorros en el campo, que dependerá de unos factores, con la de cachorros semejantes en una tienda de mascotas, que dependerá de otros factores bien diferentes. Por lo tanto, si la selección natural es la supervivencia de los más aptos debemos concluir que tampoco significa nada.

Ante estos juegos de palabras que sirven para sembrar una confusión sin límites, el análisis retórico formal puede descubrir las figuras presentes, que se corresponderán con sendos errores, es decir, fallos en la argumentación. Si hábil y laborioso ha sido quien ha generado tan gran confusión, tanto o más ha de ser la tarea de quien descubra sus entresijos. Abordémosla con la confianza en que el caso que nos ocupa no es único y que la experiencia servirá para estimulo de posteriores análisis. Las bibliotecas están sembradas de engaños y la identificación de las claves utilizadas en uno servirá para identificar otros. No cabe otra solución que parar y seguir haciendo preguntas: ¿Realmente cree el autor que está dando así alguna explicación científica? ¿Podría alguien hacer un experimento para soportar o refutar hipótesis alguna? Descartada la posibilidad de que haya interés científico alguno en sembrar tal confusión, seguiremos leyendo confiados en que el propio texto descubrirá las claves de su construcción.

El empeño del autor no cesa y, como hemos visto, la única manera de salir adelante frente a la ambigüedad y la contradicción es la huida hacia adelante: seguir insistiendo, repetir. Tapar un disparate con otro más grande y repetirlo una y otra vez de manera que cuando esté a punto de surgir la luz en la mente del lector, siempre haya un lugar común que, a modo de martinete o metrónomo, recuerde hacía dónde debe dirigir su atención: hacia el mantra, es decir, hacia ninguna parte.   La tarea del autor consiste en ir repitiendo una y otra vez a lo largo del capítulo y del libro sus expresiones favoritas hasta, como bien indica en el segundo párrafo de este capítulo, ese que hemos dado en llamar el párrafo monumental, descubrir por un momento la razón de su insistencia:

- *Familiarizándose un poco, estas objeciones tan superficiales quedarán olvidadas.*

La razón de su insistencia es, por lo tanto, algo elemental: Obligar al lector a permanecer obediente y callado. Borrar de un plumazo toda posible objeción. Adoctrinar. A tal fin, y como hemos visto en el capítulo anterior, es fundamental la introducción de un cuarto recurso nuevo que viene a añadirse a los tres que se encuentran ya en el título (metonimia, oxímoron y pleonasmo). La repetición de estas figuras no podría llevar a ningún lado salvo a su propio desenmascaramiento, pero para evitarlo el autor imprime un nuevo giro, echa la máquina a andar mediante la figura IV, la prosopopeya. La manera general de mantener en el discurso estas expresiones sin significado será dotarlas de atributos variados, personificarlas: la selección natural (que no es nada) hará tal y cual cosa y no podrá hacer otras, la lucha por la vida (que no es nada) tendrá poder para tal o cual cosa, la supervivencia del más apto dedicará sus energías a modificar las estructuras de cada ser para su beneficio y así sucesivamente.   Esto lo vemos netamente al leer los títulos de los distintos apartados como figuran en el encabezamiento del capítulo:

Selección natural: su fuerza comparada con la selección del hombre; su poder sobre caracteres de escasa importancia; su influencia en todas las edades y en los dos sexos. Selección sexual. Acerca de la generalidad de los cruzamientos entre individuos de la misma especie. Circunstancias favorables y desfavorables para los resultados de la selección natural, a saber: cruzamiento, aislamiento y número de individuos. Acción lenta. Extinción producida por la selección natural. La divergencia de caracteres relacionada con la diversidad de los habitantes de toda estación pequeña y con la aclimatación. Acción de la selección natural mediante la divergencia de caracteres y la extinción, sobre los descendientes de un progenitor común. Explica la agrupación de todos los seres orgánico.

Pero si la tarea del autor consiste en insistir, la nuestra que no es otra que su desenmascaramiento, también se basa en la insistencia. Así detectaremos una por una cada una de las múltiples frases en que aparezcan estos clichés, expresiones que no significan nada y, que, en consecuencia, quedarán anuladas. De este modo nos preguntamos: ¿Su fuerza? ¿Cuál es la fuerza de algo que no existe? ¿Su poder? ¿Su influencia? ¿Sus resultados? ¿Su acción? Y ¿Sus producciones? En su tenacidad, el autor llega a ver a los seres vivos como productos de la acción de algo que no existe.

Las mismas figuras aparecen reiteradamente. Así al oxímoron ya descrito (selección natural), que se repite cuatro veces en el epígrafe, se añade otro nuevo (selección sexual). La prosopopeya se encuentra ocho veces en la atribución de sendas acciones a la selección natural (fuerza, poder, influencia, resultados, acción lenta, extinción producida, acción, explica la agrupación de todos los seres orgánicos). Congeries y repeticiones (la selección del hombre; en todas las edades y en los dos sexos) cierran el contenido del encabezamiento junto con una serie de figuras de la elección ordenadas gradualmente en un clímax y anticlímax:

Acerca- de la generalidad- de los cruzamientos - entre individuos- de la misma especie. Circunstancias - favorables -y desfavorables - para -los resultados de la - selección natural.

Y, una vez vistos el título y epígrafe, abordemos ya el texto.

El comienzo del primer párrafo de este capítulo nos remite al capítulo anterior titulado La lucha por la Vida, en el que el autor ponía al descubierto su ideología (toda la vida es lucha) y nos da una clave muy importante:

- *¿cómo obrará la lucha por la existencia que hemos descrito brevemente en el capítulo anterior en lo que se refiere a la variación?*

Las figuras se comprimen en esta pregunta retórica que. Como veíamos arriba tiene una respuesta fácil   e inmediata:

- *De ninguna manera. La lucha es acción y las acciones no obran.*

Las acciones no obran. Quienes obran son los sujetos que las protagonizan. He aquí la prosopopeya (personificación) obtenida al atribuir a una acción (lucha por la existencia) las cualidades de un sujeto.

Y así sucesivamente en un párrafo, el primero de este capítulo que, con un total de 558 palabras nos ofrece el rendimiento espectacular de más de cincuenta figuras retóricas (apéndice 2). Entre ellas destacaremos:

1.   La metonimia fundacional:
El principio de la selección, que hemos visto es tan potente en las manos del hombre...
Pero no hay principio de selección alguno. Cada cual selecciona como quiere en función de unos intereses particulares. En ningún caso la selección es potente en manos del hombre. Los agricultores y ganaderos han obtenido sus razas y variedades mediante el proceso de mejora genética, algo más complejo que la simple selección.
2.   El oxímoron fundacional (*selección natural*) y uno nuevo:

Pero la variabilidad que encontramos casi universalmente en nuestras producciones domésticas no está producida directamente por el hombre.

Y cómo, nos preguntamos, ¿Cómo es posible que si la variabilidad la encontramos en las producciones domésticas, que son las producidas directamente por el hombre, entonces aquella no sea igualmente producida por el hombre? A estos *oxímora* se añaden más: *Involuntariamente, el hombre somete los seres vivientes a nuevas y cambiantes condiciones de vida.*

Y dos paradojas: *casi universalmente; creo que hemos de ver.*

3. El pleonasmo inicial: *supervivencia de los más adecuados.*
4. Prosopopeya. Convertir en sujeto una acción: *La lucha por la existencia (¿cómo obrará...). El principio de la selección, que hemos visto es tan potente en las manos del hombre, ¿puede tener aplicación en las condiciones naturales? Creo que hemos de ver que puede obrar....*
5. Interrogación retórica: *¿cómo obrará en lo que se refiere a la variación?, ¿puede tener aplicación en las condiciones naturales?*
6. Aposiopesis: *brevemente discutida en el capítulo anterior, que hemos visto, Creo que hemos de ver,....*
7. Aliteración: Creo que puede obrar muy eficazmente, frase cuyo sonido, en inglés, le confiere gran rotundidad: *I think we shall see that it can act most efficiently.*

8. Detallamiento: *Tengamos presente el sinnúmero de variaciones pequeñas y de diferencias individuales que aparecen en nuestras producciones domésticas,...*

9. Congeries (Endíadis formada con un Políptoton): *pero cambios semejantes de condiciones pueden ocurrir, y ocurren.*
   Congeries (Endíadis formada con una Antítesis): *no puede crear variedades ni impedir su aparición;*
   Congeries (Duplicación léxica): *los seres vivientes a nuevas y cambiantes condiciones de vida.*

10. Metalepsis: *El principio de la selección.*

11. Perífrasis: *Verdaderamente puede decirse que todo el organismo se hace plástico en alguna medida.*

12. Epítetos: *según han hecho observar muy bien Hooker y Asa Gray.*

13. *Concesio* (con perífrasis): *Creo que hemos de ver que puede obrar muy eficazmente.*

La máquina retórica cuyas piezas principales se describieron en el esquema 1 gira sin parar y mediante esta acumulación de recursos el lector es llevado a creer:

1. Que la selección natural existe
2. Que es igual que la Supervivencia de los más aptos, es decir de los que sobreviven.
3. Que ambas son iguales que la lucha por la existencia
4. Que las tres son iguales que la grande y compleja batalla de la vida
5. Que, al igual que el hombre somete los seres vivientes a nuevas y cambiantes condiciones de

vida, cambios semejantes ocurren en la naturaleza.

Hay que tener en cuenta que, a tales efectos, han contribuido definitivamente los cambios realizados entre la primera y la sexta edición (apéndice 4). Y, en consecuencia, tras la lectura del párrafo, inmersos en confusión, no obstante hay algo de lo que debemos estar seguros:

[p]odemos estar seguros de que toda variación en el menor grado perjudicial tiene que ser rigurosamente destruida. A esta conservación de las diferencias y variaciones individualmente favorables y la destrucción de las que son perjudiciales la he llamado yo selección natural o supervivencia de los más adecuados

Es decir, podemos estar seguros de que lo que no existe, existe. Surge ahora la necesidad imperiosa de remachar este concepto mediante una serie de repeticiones...

Dejando aparte algunas figuras pasemos ya al segundo párrafo, al que hemos denominado el párrafo monumental, una joya de la retórica añadida totalmente para las últimas ediciones (apéndice 4), y busquemos en él en primer lugar la presencia de las doce figuras de nuestro esquema principal.

En primer lugar, la metonimia, que no aparece puesto que ha sido asimilada al oxímoron. El oxímoron aparece y muy abundante. La expresión selección natural se encuentra cinco veces. Se trata de remachar el concepto principal que, una vez admitido (una vez mordido el anzuelo) pasará a ser equivalente a lucha por la existencia, batalla por la vida, supervivencia de los más aptos y otras expresiones similares; antonomasias cuyo fin es crear un estado de ánimo en el lector, incluirlo en los Novatores, ese grupo que propone la Nueva Ciencia, basada en la lucha y en la competición y movida por los intereses de una floreciente banca.

El pleonasmo es cuidadosamente evitado en este párrafo. Se trata de fijar la expresión selección natural y a tal fin no conviene enturbiarla con los peligrosos sinónimos del párrafo anterior. La prosopopeya aparece bien temprano, de modo indirecto al principio pero luego directamente:

Algunos hasta han imaginado que la selección natural produce la variabilidad, siendo así que implica solamente la conservación de las variedades

Expresión en la que encontramos asimismo falacias como el argumento *ad hominem* en forma de sujeto críptico (algunos), que luego va tomando otras formas: *Nadie pone reparos, Otros han opuesto, Se ha dicho*; ¿Quién? No importa, seguramente algún insensato. Pero en realidad lo que se ha dicho, dicho está con bastante fundamento puesto que cierto es que la selección natural, algo que no existe ni puede existir, es tratada en toda la obra como tal potencia activa o divinidad. No es cierto que nadie ponga reparos a los agricultores que hablan de los poderosos efectos de la selección del hombre. La selección por sí misma no tiene efecto alguno. El efecto es consecuencia del proceso de Mejora Genética. El uso de tal lenguaje figurado era concretamente uno de los puntos principales en la crítica de Flourens:

En este examen del libro del señor Darwin, propongo dos objetivos. Primero demostrar que el autor se hace la ilusión a sí mismo, y quizás a otros, por un constante abuso del lenguaje figurado; y segundo, demostrar que a diferencia de su opinión, la especie es algo fijo, y que lejos de proceder las unas de las otras como él quiera, las distintas especies son distintas y permanecen para siempre distintas

Y más adelante:

Mr. Darwin comienza por imaginar una selección natural. Se imagina él a continuación que el poder de elegir que él mismo otorga a la naturaleza es como el poder del hombre. Ambos supuestos admitidos, nada lo detiene y juega con la naturaleza a su antojo, y le hace hacer lo que él quiera

La interrogación retórica ocupa un lugar central:

-¿quién pondrá nunca reparos a los químicos que hablan de las afinidades electivas de los diferentes elementos?

- Quien quiera y pueda presentar argumentos a tal fin podrá poner reparos a los químicos. En nuestro caso ponemos reparos a un texto que no está firmado por químicos sino por un naturalista aficionado.

El párrafo es un manantial de recursos retóricos entre los que se cuentan, además de los ya mencionados: Congeries (Acumulación expletiva, Endiadis),

Aposiopesis, Aliteración, Leptología......etc, etc. (Ver apéndice 2).

8. El estilo narrativo al descubierto. Dos tipos de texto concurren al llenado de la presa mediante el desarrollo en espiral progresiva de todas las atribuciones a la selección natural en los apartados sucesivos del capítulo.

Vista la acumulación de figuras retóricas en los títulos y en los dos primeros párrafos podemos anunciar ya dos descubrimientos. En primer lugar el de la intención: Es imposible acumular tantas palabras sin sentido, tantas contradicciones, sin una intención. Cuando el protagonista de la novela "El Castillo", de Franz Kafka, recibe una carta llena de contradicciones expresa: *Eran sin duda contradicciones tan evidentes que tenían que ser intencionadas.* La contradicción sirve al poder para transmitir su ideología, un nuevo código de valores, en el que la voluntad del poderoso, su autoridad, queda siempre por encima de toda duda. El poder se ejerce mediante la anulación de la crítica y esta se basa en la capacidad de precisión del lenguaje. El descubrimiento que anunciamos en segundo lugar es el de los elementos principales de los que el autor se sirve para transmitir su ideología (darwinista): La selección natural, la supervivencia de los más aptos, la lucha por la existencia o por la vida, configuran este puñado de dogmas centrales del darwinismo. El lector está obligado a creer que estas ideas, fruto de un error debido al desconocimiento del autor de las prácticas de agricultores y ganaderos, son elementos fundamentales en la dinámica de la naturaleza y para explicar el origen de las especies.

Los dos primeros párrafos que acabamos de analizar y que hemos numerado como 112 y 113 corresponden a la introducción del capítulo. En esta sección les siguen otros once (hasta el 124 incluido). El efecto de los dos primeros párrafos es fijar en la mente del lector el concepto de selección natural y afines. Una vez conseguido, hay que ponerle ruedas al concepto: Hacerlo andar. El texto no deja dudas al respecto puesto que el párrafo 114 empieza de esta manera:

Comprenderemos mejor la marcha probable de la selección natural tomando el caso de un país que experimente algún ligero cambio físico, por ejemplo, de clima.

El objetivo está marcado de modo impecable: Hacernos comprender, o mejor dicho, obligarnos a comprender la marcha (probable) de la selección natural. Pero, un momento... ¿marcha probable? En el epígrafe se habla de su fuerza (comparada con la selección del hombre), de su poder (sobre caracteres de escasa importancia), de su influencia (en todas las edades y en los dos sexos), de su acción y de sus resultados. Pero recordemos también que, como veíamos en el capítulo 2, en OSMNS se encontraban otras atribuciones para la selección natural como eran: 1) causa de extinción de las formas menos perfeccionadas de la vida, 2) conduce a la divergencia de caracteres y 3) medio de modificación. Demasiadas atribuciones para una entidad tan imprecisa. Demasiadas contradicciones... (¿recuerdan el comentario del protagonista de «El Castillo»?), ¿A qué viene ahora esto de su "marcha probable" (*probable course*)? Es imposible que exista algo a lo que se puedan atribuir todas esas propiedades contradictorias pero es que además, si la selección natural fuese algo, no se podría hablar de su *marcha probable.* Por el contrario habría que definirla. Si se trata de una magnitud o no, es decir si se puede medir, y en caso afirmativo, en qué unidades; si se trata de unidades que ya existan en el Sistema Internacional o alguna de sus combinaciones, o alternativamente se proponen unidades nuevas. Hay que reconocer que esto de *la marcha probable* suena, por el contrario, verdaderamente esotérico y es una prosopopeya que oculta un error y viene a sembrar confusión.

El párrafo entero es ejemplo de macrología, es decir de escritura vana que adquiere la forma de un detallamiento. El oxímoron fundacional aparece dos veces apoyado en dos prosopopeyas. La primera, como veíamos, dudosa, puesto que el mismo autor duda:

la marcha probable de la selección natural

Pero la segunda prosopopeya por el contrario, aparece firme, en un final de párrafo decisivo:

...y la selección natural tendría campo libre para la labor de perfeccionamiento.

Asimismo siguen aposiopesis:

De lo que hemos visto, Recuérdese que se ha demostrado cuán poderosa es la influencia de un solo árbol o mamífero introducido

Y también se encuentran algunas congeries:

algunas especies llegarán probablemente a extinguirse, acerca del modo íntimo y complejo, esto perturbaría también gravemente.

La manera de comenzar los párrafos tiene un efecto en el lector: Crear confusión para imprimir en su mente indeleblemente a la selección natural. Así como en el 114 comenzaba de manera dubitativa, en el 115 la firmeza es inflexible para quien lee el texto con docilidad; por el contrario, quien lo lee con sentido crítico ve algo muy inconveniente en esta expresión:

Tenemos buen fundamento para creer, como se ha demostrado en el capítulo tercero, que los cambios en las condiciones de vida producen una tendencia a aumentar la variabilidad

En la que aposiopesis (*como se ha demostrado en el capítulo tercero*) y congeries (*las condiciones de vida, tendencia a aumentar la variabilidad*) no ocultan el hecho de que el autor está mostrando que su razonamiento se basa en la fe, en la creencia (*fundamento para creer*) y que no distingue entre lo que es creer y lo que es demostrar, puesto que todo aquello que pueda demostrarse no puede ser objeto de fe.

La conclusión del párrafo deja la misma sensación ambigua: firmeza para el creyente; incredulidad para el crítico. La prosopopeya es aquí ejemplar:

Así como el hombre puede producir un resultado grande en las plantas y animales domésticos sumando en una dirección dada diferencias individuales, también lo pudo hacer la selección natural, aunque con mucha más facilidad, por tener tiempo incomparablemente mayor para obrar

El autor se sirve en el comienzo del párrafo 116 de la negativa:

No es que yo crea que un gran cambio físico, de clima, por ejemplo, o algún grado extraordinario de aislamiento que impida la inmigración, es necesario para que tengan que quedar nuevos puestos vacantes para que la selección natural los llene, perfeccionando algunos de los habitantes que varían;

Pero la construcción de la frase invita a terminarla de otra manera y a redondearla para mostrar su verdadero significado. Por ejemplo:

No es que yo crea que un gran cambio físico, de clima, por ejemplo, o algún grado extraordinario de aislamiento que impida la inmigración, es necesario para que tengan que quedar nuevos puestos vacantes para que la selección natural los llene, perfeccionando algunos de los habitantes que varían; lo que creo firmemente es en la selección natural.

Recordando así la vieja frase de Tertuliano: *Credo quia absurdum* (creo porque es absurdo), que es evidente, puesto para lo que es razonable no necesitamos creencia alguna.

Detallamiento y congeries nos llevan a una conclusión verdaderamente disparatada, en la que se expone el punto de vista malthusiano de un observador social, no de un naturalista:

Y como los extranjeros han derrotado así en todos los países a algunos de los indígenas, podemos seguramente sacar la conclusión de que los indígenas podían haber sido modificados más ventajosamente, de modo que hubiesen resistido mejor a los invasores.

El párrafo 117 empieza con una pregunta retórica:

Si el hombre puede producir, y seguramente ha producido, resultados grandes con sus modos metódicos o inconscientes de selección, ¿qué no podrá efectuar la selección natural?

A la que de nuevo nos gustaría poder contestar en los millones de ejemplares impresos de esta obra de esta manera:

La selección natural no puede efectuar absolutamente nada pues es un oxímoron, un fantasma semántico, un flatus vocis, una expresión sin significado, fruto de un error. El hombre no ha producido ni un solo resultado por su modo de selección. Todos sus resultados proceden de los métodos de la mejora genética (breeding), proceso del cual la selección es sólo una parte. En cuanto a los modos de selección: Los modos metódicos es congeries; el modo inconsciente de selección es otro oxímoron: Es imposible seleccionar inconscientemente.

La prosopopeya y el pleonasmo en su apogeo, con pruebas fehacientes:

La Naturaleza hace funcionar plenamente todo carácter seleccionado, como lo implica el hecho de su selección

Que recuerdan la sentencia quijotesca:

la razón de la sinrazón que a mi razón se hace, de tal manera mi razón enflaquece, que con razón me quejo de la vuestra fermosura

Viene a parar en una larga leptología que desemboca en fragmentos de gran intensidad poética:

¡Qué fugaces son los deseos y esfuerzos del hombre! ¡Qué breve su tiempo!, y, por consiguiente, ¡qué pobres serán sus resultados, en comparación con los acumulados en la Naturaleza durante períodos geológicos enteros!

Y una larga interrogación retórica:

¿Podemos, pues, maravillarnos de que las producciones de la Naturaleza hayan de ser de condición mucho más real que las producciones del hombre; de que hayan de estar infinitamente mejor adaptadas a las más complejas condiciones de vida y de que hayan de llevar claramente el sello de una fabricación superior?

Que nos deja sin respiración. ¿Más reales las producciones de la naturaleza que las del hombre? ¿Por qué? ¿Infinitamente mejor adaptadas? Puede,....Empero lo que merece una detenida reflexión es la última parte: *de que hayan de llevar claramente el sello de una fabricación superior?* Porque si han de llevar el sello de una fabricación superior, entonces sí, olvídense de una vez por todas de la selección natural.

El párrafo siguiente (118) contiene una rica mezcla de figuras: oxímoron, prosopopeya y *obsecratio*.

Metafóricamente puede decirse que la selección natural está buscando cada día y cada hora por todo el mundo las más ligeras variaciones; rechazando las que son malas; conservando y sumando todas las que son buenas; trabajando silenciosa e insensiblemente, cuandoquiera y dondequiera que se ofrece la oportunidad, por el perfeccionamiento de cada ser orgánico en relación con sus condiciones orgánicas e inorgánicas de vida

Esos clichés (selección natural, supervivencia del más apto, lucha por la vida...) son dogmas que se imponen a lo largo de todo el capítulo mediante, primero una intensa presentación en el título, en el epígrafe y en los dos primeros párrafos como ya hemos visto y también mediante su extensa distribución a lo largo de los párrafos del mismo. A tal fin, dichos clichés y toda referencia a las experiencias de granjeros van intercalándose entre fragmentos variados de Historia Natural. Así, el conjunto del capítulo puede dividirse en dos tipos de texto que designaremos como Tipo A (Blando) y Tipo B (Duro) (apéndice 3) . El texto del Tipo A (Blando) es simplemente un conjunto de relatos acerca de la naturaleza. Algunos están tomados de otros autores (Faure, Gaertner, Graba, Lamarck....) y otros son fruto de la propia experiencia del autor o de sus conversaciones con granjeros y agricultores; son, en general, descripciones de fenómenos variados (la reproducción sexual, la polinización......) a menudo escritas con un tono literario o incluso poético. La recopilación de todo este conjunto de relatos podría dar lugar a un tratado de Historia Natural que, incluyendo las debidas citas de los autores responsables de cada trabajo mencionado, constituiría una obra honrada, más de escasa relevancia. El texto del tipo B, por el contrario, consiste en la repetición hasta la saciedad de las consignas, los clichés propios de una ideología que consta de los elementos centrales del discurso que hemos venido destacando hasta ahora: selección natural, lucha por la supervivencia, supervivencia de los más aptos. En todos y cada uno de los casos en que aparecen estas expresiones, lo único que consiguen es crear confusión, como se demuestra en un simple experimento que hemos llamado Transformación Elemental y que consiste en eliminar estas expresiones cuando aparecen revelando que las frases no pierden ningún contenido. Tenemos un ejemplo hacía mitad del capítulo, al comenzar el párrafo 158, en donde dice:

El aislamiento también es un elemento importante en la modificación de las especies por selección natural.

Procediendo a realizar la Transformación Elemental tenemos:

El aislamiento también es un elemento importante en la modificación de las especies.

Una frase más concisa pero con exactamente el mismo contenido semántico. Nada hemos perdido al quitar la selección natural de una frase. Nada perderíamos al quitarla del libro en cada ocasión en que aparece.

Pero la utilización de estos elementos no es el único recurso en el que hemos llamado texto del tipo B y que constituye la base de una escritura dogmática.

Otro componente importante del texto del tipo B es la constante alusión al trabajo de granjeros y ganaderos, las tareas de mejora genética (*breeding* en inglés) que el autor ha confundido con selección: a lo largo del texto, el relato de acontecimientos variados de la historia natural está interrumpido con expresiones dogmáticas propias de una ideología de exaltación de la lucha (selección natural, lucha por la supervivencia, supervivencia de los más aptos) y salpimentado mediante la constante comparación de la naturaleza con una granja. Partiendo del trabajo de ganaderos en el capítulo I de OSMNS, e ignorando las características principales de la variación en la naturaleza (las categorías taxonómicas y la obra de Linneo) en un breve capítulo II, el autor ha destacado en el capítulo III lo que es resumen de la visión del mundo propia de la *dismal science* (ciencia triste) y del sombrío clérigo Malthus, uno de sus fundadores: La vida como lucha. Una vez visto esto que se expresa mediante las expresiones-consigna (selección natural, lucha por la supervivencia, supervivencia de los más aptos) conviene volver, para reforzar su posición, a la granja, arquetipo de lucha. A menudo los ejemplos tomados de la naturaleza se mezclan con alusiones a la granja o a las actividades de los granjeros. Citaremos a continuación algunos ejemplos de estos últimos:

Párrafo 115:

Así como el hombre puede producir un resultado grande en las plantas y animales domésticos sumando en una dirección dada diferencias individuales, también lo pudo hacer la selección natural, aunque con mucha más

facilidad, por tener tiempo incomparablemente mayor para obrar

Párrafo 117:

Si el hombre puede producir, y seguramente ha producido, resultados grandes con sus modos metódicos o inconscientes de selección, ¿qué no podrá efectuar la selección natural? El hombre puede obrar sólo sobre caracteres externos y visibles.

El hombre retiene en un mismo país los seres naturales de varios climas; raras veces ejercita de modo peculiar y adecuado cada carácter elegido; alimenta con la misma comida una paloma de pico largo y una de pico corto; no ejercita de algún modo especial un cuadrúpedo de lomo alargado o uno de patas largas; somete al mismo clima ovejas de lana corta y de lana larga; no permite a los machos más vigorosos luchar por las hembras; no destruye con rigidez todos los individuos inferiores, sino que, en la medida en que puede, protege todos sus productos en cada cambio de estación; empieza con frecuencia su selección por alguna forma semi-monstruosa o, por lo menos, por alguna modificación lo bastante saliente para que atraiga la vista o para que le sea francamente útil.

Párrafo 120:

No debemos creer que la destrucción accidental de un animal de un color particular haya de producir pequeño efecto; hemos de recordar lo importante que es en un rebaño de ovejas blancas destruir todo cordero con la menor señal de negro.

Párrafo 120, al iniciar el apartado sobre selección sexual:

Puesto, que en domesticidad aparecen con frecuencia particularidades en un sexo que quedan hereditariamente unidas a este sexo, lo mismo sucederá, sin duda, en la naturaleza

La selección sexual, dejando siempre criar al vencedor, pudo, seguramente, dar valor indomable, longitud a los espolones, fuerza al ala para empujar la pata armada de espolón, casi del mismo modo que lo hace el brutal gallero mediante la cuidadosa selección de sus mejores gallos

Párrafo 128, en ese mismo apartado:

No puedo entrar aquí en los detalles necesarios; pero si el hombre puede en corto tiempo dar hermosura y porte elegante a sus gallinas Bantam conforme a su standard o tipo de belleza, no se ve ninguna razón legítima para dudar de que las aves hembras, eligiendo durante miles de generaciones los machos más hermosos y melodiosos según sus tipos de belleza, puedan producir un efecto señalado.

Párrafo 129, en ese mismo apartado:

Sin embargo, no quisiera atribuir todas las diferencias sexuales a esta acción, pues en los animales domésticos vemos surgir en el sexo masculino y quedar ligadas a él particularidades que evidentemente no han sido acrecentadas mediante selección por el hombre. El mechón de filamentos en el pecho del pavo salvaje no

puede tener ningún uso, y es dudoso que pueda ser ornamental a los ojos de la hembra; realmente, si el mechón hubiese aparecido en estado doméstico se le habría calificado de monstruosidad.

Mediante estos ejemplos hemos llegado al apartado titulado *Ejemplos de la acción de la selección natural o de la supervivencia de los más adecuados,* que empieza de este modo tan atrevido mediante una *obsecratio* acompañada de oxímoron (ejemplos imaginarios):

Para que quede más claro cómo obra, en mi opinión, la selección natural, suplicaré que se me permita dar uno o dos ejemplos imaginarios...

Y en el mismo párrafo leemos:

No alcanzo a ver que haya más motivo para dudar de que éste sería el resultado, que para dudar de que el hombre sea capaz de perfeccionar la ligereza de sus galgos por selección cuidadosa y metódica, o por aquella clase de selección inconsciente que resulta de que todo hombre procura conservar los mejores perros, sin idea alguna de modificar la casta.

No, señor Darwin, el hombre no ha sido capaz de perfeccionar la ligereza de sus galgos por selección cuidadosa y metódica, sino por un proceso de mejora genética, del que la selección es sólo una parte.

Y un poco más adelante, en el Párrafo 131:

Veía la gran importancia de las diferencias individuales, y esto me condujo a discutir ampliamente los resultados

de la selección inconsciente del hombre, que estriba en la conservación de todos los individuos más o menos valiosos y en la destrucción de los peores.

En donde selección inconsciente es un nuevo oxímoron.

Y en el siguiente párrafo (132):

Sin embargo, no habría que dejar pasar inadvertido que ciertas variaciones bastante marcadas, que nadie clasificaría como simples diferencias individuales, se repiten con frecuencia debido a que organismos semejantes experimentan influencias semejantes, hecho del que podrían citarse numerosos ejemplos en nuestras producciones domésticas. En tales casos, si el individuo que varía no transmitió positivamente a sus descendientes el carácter recién adquirido, indudablemente les transmitiría -mientras las condiciones existentes permaneciesen iguales- una tendencia aún más enérgica a variar del mismo modo.

Que es incomprensible puesto que si el individuo no transmite a sus descendientes la variación, no tiene modo alguno de transmitir tendencia a variar.

En este mismo apartado encontramos una serie de sentencias bien curiosas que no podemos dejar pasar por alto. Así por ejemplo (párrafo 133):
toda variedad recién formada tendría que ser generalmente local al principio

Párrafo 135:

Cuando nuestra planta, mediante el proceso anterior, continuado por mucho tiempo, se hubiese vuelto -sin intención de su parte- sumamente atractiva para los insectos, llevarían éstos regularmente el polen de flor en flor; y que esto hacen positivamente, podría demostrarlo fácilmente por muchos hechos sorprendentes.

Ningún naturalista duda de lo que se ha llamado división fisiológica del trabajo; por consiguiente, podemos creer que sería ventajoso para una planta el producir estambres solos en una flor o en toda una planta, y pistilos solos en otra flor o en otra planta.

Párrafo 136:

Podría citar muchos hechos que demuestran lo codiciosos que son los himenópteros por ahorrar tiempo.

En los casos anteriores podemos observar cómo el autor rellena papel cuando no tiene nada que decir (macrología). Así es como nos informa por ejemplo de que las plantas actúan sin intención y no obstante sus producciones son ventajosas, que los insectos llevan el polen de flor en flor, que ningún naturalista duda de la división del trabajo, etc... Tan sólo queda pendiente que el autor tenga en cuenta que sus lectores, como los himenópteros, también somos codiciosos por ahorrar tiempo.

Y ya en el apartado siguiente titulado *Sobre el cruzamiento de los individuos,* seguimos leyendo cosas ciertamente curiosas, como esto en su segundo párrafo (141):

Todos los vertebrados, todos los insectos y algunos otros grandes grupos de animales se aparean para cada vez que se reproducen

Y múltiples fragmentos de los que llamábamos escritura del tipo B, es decir aquella basada en tópicos (selección natural, lucha por la vida, supervivencia del más apto,...) o en experiencias de ganaderos, granjeros y criadores. Siguen algunos ejemplos:

Párrafo 141:

En primer lugar, he reunido un cúmulo tan grande de casos, y he hecho tantos experimentos que demuestran, de conformidad con la creencia casi universal de los criadores, que en los animales y plantas el cruzamiento entre variedades distintas, o entre individuos de la misma variedad, pero de otra estirpe, da vigor y fecundidad a la descendencia, y, por el contrario, que la cría entre parientes próximos disminuye el vigor y fecundidad,....

Apartado este que continúa de modo poético (párrafo 146):

¡Qué extraños son estos hechos! ¡Qué extraño que él polen y la superficie estigmática de una misma flor, a pesar de estar situados tan cerca, como precisamente con objeto de favorecer la autofecundación, hayan de ser en tantos casos mutuamente inútiles! ¡Qué sencillamente se explican estos hechos en la hipótesis de que un

cruzamiento accidental con un individuo distinto sea ventajoso, o indispensable

Acabando de forma grotesca (párrafo 151):

De estas varias consideraciones y de muchos hechos especiales que he reunido, pero que no puedo dar aquí, resulta que, en los animales y plantas, el cruzamiento accidental entre individuos distintos es una ley muy general -si no es universal- de la naturaleza.

Para dar paso a otra sección titulada *Circunstancias favorables o la producción de nuevas formas por selección natural,* en la que seguimos viendo numerosos ejemplos de escritura del tipo B:

Párrafo 153:

La tendencia a la reversión puede muchas veces dificultar o impedir la labor; pero no habiendo esta tendencia impedido al hombre formar por selección numerosas razas domésticas, ¿por qué habrá de prevalecer contra la selección natural?

Párrafo 154:

En el caso de la selección metódica, un criador selecciona con un objeto definido, y si a los individuos se les deja cruzarse libremente, su obra fracasará por completo. Pero cuando muchos hombres, sin intentar modificar la raza, tienen un standard o tipo de perfección próximamente igual y todos tratan de procurarse los mejores animales y obtener crías de ellos, segura, aunque lentamente, resultará mejora de este proceso inconsciente de selección, a pesar de que en este caso no hay separación de individuos elegidos. Así ocurrirá en la naturaleza;

Según este principio, los horticultores prefieren guardar semillas procedentes de una gran plantación, porque las probabilidades de cruzamiento disminuyen de este modo. Aun en los animales que se unen para cada cría y que no se propagan rápidamente, no hemos de admitir que el cruzamiento libre haya de eliminar siempre los efectos de la selección natural,....

Sección en la que no dejamos de leer cosas muy curiosas como:

Párrafo 156:

El cruzamiento representa en la naturaleza un papel importantísimo conservando en los individuos de la misma especie o de la misma variedad el carácter puro y uniforme. Evidentemente, el cruzamiento obrará así con mucha más eficacia en los animales que se unen para cada cría; pero, como ya se ha dicho, tenemos motivos para creer que en todos los animales y plantas ocurren cruzamientos accidentales.

Y que termina de manera concluyente:

Párrafo 165:

Por lento que pueda ser el proceso de selección, si el hombre, tan débil, es capaz de hacer mucho por selección artificial, no puedo ver ningún límite para la cantidad de variación, para la belleza y complejidad de las

adaptaciones de todos los seres orgánicos entre sí, o con sus condiciones físicas de vida, que pueden haber sido realizadas, en el largo transcurso de tiempo, mediante el poder de la selección de la naturaleza; esto es: por la supervivencia de los más adecuados.

Para dar pie al apartado titulado *Extinción producida por selección natural*, en el que leemos en el párrafo 169:

Vemos este mismo proceso de exterminio en nuestras producciones domésticas por la selección de formas perfeccionadas hecha por el hombre. Podrían citarse muchos ejemplos curiosos que muestran la rapidez con que nuevas castas de ganado vacuno, ovejas y otros animales y nuevas variedades de flores reemplazan a las antiguas e inferiores. Se sabe históricamente que en Yorkshire el antiguo ganado vacuno negro fue desalojado por el long-horn, y éste fue «barrido por el short-horn» -cito las palabras textuales de un agrónomo- «como por una peste mortal».

El apartado titulado Divergencia de Caracteres está ilustrado con una figura, única de la obra y merece comentario aparte en un nuevo capítulo.

9. Algunas falacias y una solitaria figura ilustran el final del capítulo.

De manera harto peligrosa, al comienzo de la sección titulada Divergencia de caracteres, en el párrafo 170, leemos una frase que contradice toda la historia natural, pasada presente y futura y buena parte de las afirmaciones vertidas por el mismo autor en su propia obra (OSMNS):

Sin embargo, en mi opinión, las variedades son especies en vías de formación o, como las he llamado, especies incipientes

¿Cómo podrá explicarse esto? Difícil tarea que el autor emprende en el siguiente párrafo (171) y, según su costumbre, acudiendo al trabajo de los granjeros:

Siguiendo mi costumbre, he buscado alguna luz sobre este particular en las producciones domésticas. Encontraremos en ellas algo análogo. Se admitirá que la producción de razas tan diferentes como el ganado vacuno short-horn y el de Hereford, los caballos de carrera y de tiro, las diferentes razas de palomas, etc., no pudo efectuarse en modo alguno por la simple acumulación casual de variaciones semejantes durante muchas generaciones sucesivas. En la práctica llama la atención de un cultivador una paloma con el pico ligeramente más corto; a otro criador llama la atención una paloma con el pico un poco más largo, y -según el principio conocido de que «los criadores no admiran ni admirarán un tipo medio, sino que les gustan los extremos»- ambos continuarán, como positivamente ha ocurrido con las sub-razas de la paloma volteadora, escogiendo y sacando crías de los individuos con pico cada vez más largo y con pico cada vez más corto. Más aún: podemos suponer que, en un período remoto de la historia, los hombres de una nación o país necesitaron los caballos más veloces, mientras que los de otro necesitaron caballos más fuertes y corpulentos. Las primeras diferencias serían pequeñísimas; pero en el transcurso del tiempo, por la selección continuada de caballos más veloces en un caso, y más fuertes en otro, las diferencias se harían mayores y se distinguirían como formando dos sub-razas. Por último, después de siglos, estas dos sub-razas llegarían a convertirse en dos razas distintas y bien establecidas. Al hacerse mayor la diferencia, los individuos inferiores con caracteres intermedios, que no fuesen ni muy veloces ni muy corpulentos, no se utilizarían para la cría y, de este modo, han tendido a desaparecer. Vemos, pues, en las producciones del hombre la acción de lo que puede llamarse el principio de divergencia, produciendo diferencias, primero apenas apreciables, que aumentan continuamente, y que las razas se separan, por sus caracteres, unas de otras y también del tronco común.

Efectivamente, todo esto que aquí se nos cuenta en un ejemplo de detallamiento, todo podemos verlo, si así lo desea el autor, en la granja, pero en ella no vemos formación de especie alguna. Si seguimos la lectura encontramos algún que otro problema en frases demasiado largas o con ejemplos confusos, pero de repente se hace la luz en el párrafo 178:

Considerando la naturaleza de las plantas y animales que en un país han luchado con buen éxito con los indígenas y que han llegado a aclimatarse en él, podemos adquirir una tosca idea del modo como algunos de los seres orgánicos indígenas tendrían que modificarse para obtener ventaja sobre sus compatriotas, o podemos, por lo menos, inferir qué diversidad de conformación, llegando hasta nuevas diferencias genéricas, les sería provechosa.

La obra no trata del origen de las especies, sino de la lucha entre variedades. Esto explica aquella misteriosa frase que leíamos al empezar el libro y que decía:

Cuando estaba como naturalista a bordo del Beagle, buque de la marina real, me impresionaron mucho ciertos hechos que se presentan en la distribución geográfica de los seres orgánicos que viven en América del Sur y en las relaciones geológicas entre los habitantes actuales y los pasados de aquel continente. Estos hechos, como se verá en los últimos capítulos de este libro, parecían dar alguna luz sobre el origen de las especies, este misterio de los misterios, como lo ha llamado uno de nuestros mayores filósofos.

Efectivamente, todo era apariencia. Los hechos *parecían dar alguna luz sobre el origen de las especies*, pero no la daban, puesto que consistían en la manera como unas variedades o razas se habían impuesto a otras. Así y sin necesidad de leer más adelante todo se va a aclarar al ver la figura, única de toda la obra (figura 2). Tenemos en ella un caso de lo que el autor mismo ha dado en llamar ejemplo imaginario, es decir un ejemplo que no es ejemplo puesto que la expresión (ejemplo imaginario) es oxímoron. Una serie de especies representadas por mayúsculas bajo la línea horizontal inferior (A, B, C, D...) van a ir modificándose a gusto del autor siguiendo una secuencia temporal expresada a la izquierda con números romanos (I, II, II,......). Decimos a gusto del autor porque si en un momento, en la línea de base, hay especies, no vemos por qué razón en el siguiente momento (marcado con I) deja de haber especies y pasa a haber variedades. Esto no es resultado de observación alguna sino de la imaginación del autor, lo cual es lógico puesto que, como el mismo ha indicado,   utiliza ejemplos imaginarios y, en ese caso, todo vale.

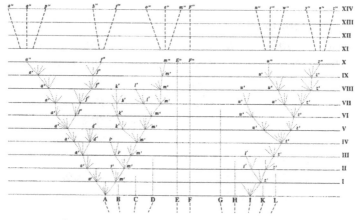

Figura 2: Única figura presente en la obra de Darwin titulada Sobre el Origen de las Especies por Medio de la Selección Natural o la Supervivencia de las Razas Favorecidas en la Lucha por la Existencia. Pretende representar en una hipotética escala temporal la transformación de especies (representadas por letras mayúsculas abajo), pero si las especies se representan por letras mayúsculas, entonces resulta que desde el primer nivel las especies dejan de estar representadas, puesto que las minúsculas existentes a partir de entonces representan variedades. Se trata pues de un diagrama confuso en el que se ha mezclado arbitrariamente la representación de especies (en el primer escalón) con la de variedades (en el resto de los escalones). Podemos admitir que las variedades cambien, pero no vemos la manera en que esto dará lugar al cambio de una especie.

Así por ejemplo, después de un millar de generaciones se supone que la especie A ha producido dos variedades perfectamente marcadas, que son a1 y m1, lo cual no es correcto puesto que a1 y m1 pertenecen todavía a la especie A (la especie no ha cambiado, ni siquiera en el diagrama). Si el autor va a pintar en su diagrama especies, entonces en las líneas I, II, III y sucesivas deberá aparecer la especie A igual que en el origen. Si, por el contrario va a pintar variedades, necesitará pintar las variedades en el origen y no la especie.

Ante un planteamiento teórico hay poco que objetar. Todo puede valer si lo que se discuten son ocurrencias y no hay hechos ni observaciones. Empero, hay que tener en cuenta que aún el más teórico de los planteamientos está sometido a una técnica. A una serie de reglas que deben exponerse. Los errores proceden de no exponer las reglas, como ocurre en este caso, o también de saltárselas a la torera. Dice el autor en el párrafo 183:

Si estas dos variedades son, pues, variables, las más divergentes de sus variaciones se conservarán, por lo común, durante las mil generaciones siguientes.

Pero debería tener en cuenta que si las condiciones son las mismas, la variabilidad será la misma. Bajo las mismas condiciones, no sólo se mantendrán las variaciones más divergentes, sino que se mantendrá el mismo estado de variabilidad, es decir todo el conjunto de variedades: La variedad a1 seguirá siendo a1 y perteneciendo a la especie A.

Esto que ahora leemos en el párrafo 184, es contrario a lo dicho dos párrafos antes y viene a corregir parcialmente el error de entonces:

Tampoco supongo que las variedades más divergentes, invariablemente se conserven: con frecuencia, una forma media puede durar mucho tiempo y puede o no producir más de una forma descendiente modificada

En la naturaleza no hay puestos vacantes como indicaba en el párrafo 116 ni mejor o peor ocupados como indica en otras ocasiones, ni desocupados o imperfectamente ocupados como indica en este párrafo.

Si el tiempo avanza, entonces los nichos ecológicos cambian y nadie ocupa el lugar de nadie. Ninguna línea destruye a otra como indica el párrafo 185:

La descendencia modificada de las ramas más modernas y más perfeccionadas de las líneas de descendencia probablemente ocupará con frecuencia el lugar de las ramas más antiguas y menos perfeccionadas, destruyéndolas así,....

Es difícil creer que semejante diagrama erróneo que es además el único en OSMNS haya superado las sucesivas ediciones y traducciones. Es difícil creer que nadie le haya puesto reparos y que semejante error haya permanecido durante tantos años. En los párrafos anteriores, el autor, lejos de explicarlo lo volvía más confuso. Pero he aquí que surge de repente la explicación necesaria al final del párrafo 186:

De este modo, creo yo, se multiplican las especies y se forman los géneros.

No en vano había dicho Thompson, lúcido comentarista de la obra:

Darwin no presentó en el Origen que las especies se hubiesen originado por la selección natural, sino que simplemente demostró, sobre la base de ciertos hechos y suposiciones, cómo esto podría haber sucedido, y así como él se había convencido a sí mismo, así también fue capaz de convencer a los demás.

Pero la finalidad no es sólo convencer a sus lectores de que los cambios graduales y la competición explican el origen de las especies. La obra de Darwin va algo más lejos que esto.

10 Conclusión: La finalidad mítica del autor al descubierto en El Origen de las Especies.

Nos cuenta Bertrand Russell (1872-1970) en su autobiografía que en su infancia era habitual que las abuelas o madres de familia reuniesen a los nietos en torno al fuego para leerles sermones de predicadores famosos y así adormecerlos (aunque *darles un sentido del ritmo* es la expresión literal elegida por el traductor). En la Inglaterra del siglo XIX parece que algunos clérigos anglicanos tuvieron particular éxito por la construcción de este tipo de sermones, de gran sonoridad y capacidad rítmica (soporífera, añadimos) a los que Darwin, cuya formación académica no era la de un naturalista sino la de un clérigo, no debió ser ajeno.

Por una curiosa coincidencia Bertrand Rusell atribuye esta anécdota a lady Strachey, la madre de Lytton Strachey (1880-1932), su compañero del grupo de Bloomsbury. Un paso más y estamos de nuevo en Darwin puesto que a este grupo está asociado también Aldous Huxley (1894-1963), nieto de Thomas Henry Huxley (1825-1895), el bulldog de Darwin. Todos ellos muy poderosos y en buena medida responsables de extender la ideología del imperio inglés por los confines de la ciencia y la cultura europea y norteamericana. A tal fin, el Origen de las Especies, OSMNS, nuestra querida obra cuyo capítulo cuarto ha sido analizado en páginas anteriores, cumple una función importante. Es obra tan portadora de nuevos valores (la competición, la fe en el progreso) como aniquiladora de otros antiguos (la humildad, la solidaridad). A este respecto es notable la amputación que hemos observado en una de las citas que encabezan la obra. La tercera cita, tomada de la obra de Francis Bacon (1561-1626), *Advancement of Learning* (1605), se presenta mutilada de esta manera:

To conclude, therefore, let no man out of a weak conceit of sobriety, or an ill-applied moderation, think or maintain, that a man can search too far or be too well studied in the book of God's word, or in the book of God's works; divinity or philosophy; but rather let men endeavour an endless progress or proficience in both.

Porque en versión original el punto final es un punto y coma seguido de una frase esencial con la que al final tenemos:

To conclude, therefore, let no man upon a weak conceit of sobriety or an ill-applied moderation think or maintain that a man can search too far, or be too well studied in the book of God's word, or in the book of God's works, divinity or philosophy; but rather let men endeavour an endless progress or proficience in both; only let men beware that they apply both to charity, and not to swelling; to use, and not to ostentation; and again, that they do not unwisely mingle or confound these learnings together.

Siendo la frase amputada la siguiente:

[o]nly let men beware that they apply both to charity, and not to swelling; to use, and not to ostentation; and again, that they do not unwisely mingle or confound these learnings together.

Que traducimos:

..mas tengan cuidado de aplicarlo a la caridad, y no al orgullo, al servicio y no a la ostentación, y no mezclen o confundan imprudentemente estos aprendizajes juntos.

Con lo que la cita completa en español sería:

Para concluir: por consiguiente, nadie, por un flaco concepto de sensatez o una moderación mal aplicada, piense o sostenga que un hombre pueda indagar mucho o aprender demasiado en el libro de la palabra de Dios, o en el libro de las obras de Dios -o en la teología o en la filosofía-; sino más bien, procuren los hombres un continuo progreso o aprovechamiento en ambas; mas tengan cuidado de aplicarlo a la caridad, y no al orgullo, al servicio y no a la ostentación, y no mezclen o confundan imprudentemente estos aprendizajes juntos.

El Origen de las Especies es parte importante en el intento de establecer una nueva visión del mundo y de la naturaleza acorde con el imperialismo. Su función consiste en instaurar una nueva lengua y a este respecto podríamos calificar a Darwin de logoteta, creador de un lenguaje, de un nuevo modo de pensar que reforma las estructuras más profundas de la mente creando mitos tanto desde el punto de vista antropológico como lingüístico. Eugenio d'Ors vio la función de logoteta en Darwin cuando escribió lo siguiente:

Donde las ideas aparecen, el resultado suele ser todavía peor. Porque el historicismo, durante los años que nos preceden, tan se ha puesto a la escuela del prejuicio evolucionista, que la sombra de Darwin parece presidir la íntima devoción de cada una de estas compilaciones

que, a escuela darwiniana se colocan, cuando no ocurre que, no poco a estilo de monsieur Jourdain, hablen en darviniano sin saberlo.

Esto se las conoce en su general relativismo, y más aparentemente aún y para empezar, en la gran preponderancia que se les ve conceder, desde las primeras páginas, no ya a lo prehistórico, sino a lo paleontológico, y hasta lo geológico, cuando no se llega a lo astronómico, con tendencia evidente a rebajar el color propiamente humano en la evocación del pasado del mundo. Así como en la hora de Copérnico y de Galileo la tierra pasó a ser, astronómicamente, un simple caso particular, en un sistema cosmológico más vasto, de concepción más "neutral" desde el punto de vista de los intereses humanistas o del orgullo humano, así, en otra paralela, el evolucionismo moderno tiende a sumir la civilización en la vida y ésta en la materia, con lo cual la historia humana, capitulillo insignificante por lo que dice a su duración en tiempo, viene a achicarse en importancia, ante las grandes cifras que representan cronológicamente el proceso de los mundos. No hay que insistir en lo que representan, como radicalismo evolucionista, las tres versiones de diversa envergadura dadas en su Esquema de la Historia por Herbert Wells. Pero tampoco hay por qué ocultar que principios análogos presiden sin duda a la Historia del Mundo, de José Pijoan, que el editor Salvat viene publicando en Barcelona. No poco de lo bueno que contiene este notable esfuerzo queda inútil por culpa de ese desdichado espíritu que ha movido a abrir, por ejemplo, las ilustraciones del primer volumen, con grabados y láminas de plesiosauros, volcanes, bólidos y otras nebulosas

Desde el punto de vista antropológico el mito es un relato ancestral que tiene como finalidad ilustrar acerca de algo, o, dicho de otro modo y de manera un poco más restrictiva, una manera ancestral de explicar algo. El mito de la caverna de Platón dice que el ser humano está destinado a percibir aspectos parciales de la realidad a modo de sombras. El mito de Aracne nos cuenta que esta habilidosa tejedora desafió a la divina Atenea, que ofendida, la transformó en una araña. En algo semejante al de Prometeo, castigado por Zeus por robar el fuego de los dioses para los mortales. Los mitos están vinculados con las fuerzas de la naturaleza y fundamentan sus interacciones mediante los símbolos: la tela de araña, el fuego, etc...; de tal modo que la creación de un mito se acompaña de la apropiación de un símbolo. La única figura presente en OSMNS no es casual. A pesar de su deficiente construcción en la que se han mezclado los conceptos de especie y de variedad, la figura prevalece y representa un árbol. Un árbol filogenético, es decir, de los orígenes. Según nos informa Juan Eduardo Cirlot en su diccionario de Símbolos:

... el árbol representa en el sentido más amplio, la vida del cosmos, su densidad, crecimiento, proliferación, generación y regeneración. Como vida inagotable equivale a inmortalidad. Según Elíade, como ese concepto de "vida sin muerte" se traduce cronológicamente por "realidad absoluta", el árbol deviene dicha realidad (centro del mundo). El

simbolismo derivado de su forma vertical transforma acto seguido ese centro en eje. Tratándose de una imagen verticalizante, pues el árbol recto conduce una vida subterránea hasta el cielo, se comprende su asimilación a la escalera o montaña, como símbolos de la relación más generalizada entre los tres mundos (inferior, ctónico o infernal; central, terrestre o de la manifestación; superior, celeste).

La figura única de OSMNS no es sólo un dibujo sin importancia y plagado de errores. Es un símbolo que ayuda convenientemente a fijar nuevos significados.

Cualquier explicación que las diversas civilizaciones a lo largo de la historia hayan podido mantener para explicar el Origen de las Especies tiene un componente mítico y algunos mitos pueden explicar el origen de ciertas especies particularmente. Así según Dan Wylie, autor de "Elefantes", los primeros mitos hindúes dicen cómo el creador abrió el huevo cósmico y de un lado del huevo surgieron ocho elefantes. Cuatro de estos elefantes partieron hacia los extremos lejanos del mundo, donde apoyaron y sostuvieron las cuatro esquinas del universo. Los primeros elefantes eran criaturas aladas y se asociaban con la acción de volar y con las nubes, hasta que enojaron a un yogui antiguo, que les maldijo y les quitó sus alas.

El Origen de las Especies es, antropológicamente, un ultra-mito o mega-mito puesto que resume los orígenes de especies a las que tradicionalmente se había atribuido un origen mítico. Pero más allá de la interpretación antropológica, el mito tiene una vertiente lingüística. Mito, nos dice Roland Barthes

(1915-1980) es un metalenguaje. Una nueva representación del mundo. No ha sido ajeno a ello Erwin Panofsky (1892-1968) quien en su libro Arquitectura Gótica y Pensamiento Escolástico, concretamente en el capítulo II titulado La Fuerza Formadora de Mitos, siguiendo a Santo Tomás de Aquino (*Summa Theologiae*, I-II, q. 46, art. 3C) define el hábito mental en el sentido escolástico como "Principio que regula el hábito" (*Principium importans ordinem ad actum*) para a continuación indicar:

Tales hábitos mentales existen en todo tipo de civilizaciones. Así, por ejemplo, no hay escritos modernos sobre la historia que no estén impregnados de la idea de evolución (idea cuya evolución merecería la pena que fuese más estudiada de lo que ha sido hasta el presente y que parece entrar ahora en una fase crítica).

Efectivamente, profesor Panofsky, ya no podemos admitir por más tiempo que se pretenda pasar por ciencia lo que es dogma, costumbre o, como usted dice siguiendo a Santo Tomás   *Principium importans ordinem ad actum*. Ahora estamos ya en condiciones de contestar a la pregunta que nos planteábamos en el primer capítulo a partir de la lectura del primer párrafo de OSMNS: ¿Qué puede haber en los seres que viven en América del Sur, que pueda arrojar alguna luz sobre el origen de las especies? Nos preguntábamos entonces. ¿Qué es lo que hay en América del Sur que Darwin no podía haber visto en Europa?

En América del Sur es donde Darwin vio que un grupo étnico había impuesto sus normas a otro. Los españoles, los europeos, a los nativos, a los indígenas. A esto se refiere en varias ocasiones en el Origen de las Especies. Destacamos algunas de ellas en relación con este asunto, tales como un párrafo al principio del capítulo séptimo:

Dedicaré este capítulo a la consideración de diversas objeciones que se han presentado contra mis opiniones, pues algunas de las discusiones precedentes pueden de este modo quedar más claras; pero sería inútil discutir todas las objeciones, pues muchas han sido hechas por autores que no se han tomado la molestia de comprender el asunto. Así, un distinguido naturalista alemán ha afirmado que la parte más débil de mi teoría es que considero todos los seres orgánicos como imperfectos: lo que realmente he dicho yo es que todos no son tan perfectos como podían haberlo sido en relación a sus condiciones de vida, y prueban que esto es así las muchas formas indígenas de diferentes partes del mundo que han cedido su lugar a invasores extranjeros. Además, los seres orgánicos, aun en caso de que estuviesen en algún tiempo perfectamente adaptados a sus condiciones de vida, tampoco pudieron haber continuado estándolo cuando cambiaron éstas, a menos que ellos mismos cambiasen igualmente, y nadie discutirá que las condiciones de vida de cada país, lo mismo que el número y clases de sus habitantes, han experimentado muchos cambios.

A qué cambios se refiere aquí nos lo explica en el tercer párrafo del capítulo que nos ha ocupado a lo largo de este texto y que dice:

Comprenderemos mejor la marcha probable de la selección natural tomando el caso de un país que experimente algún ligero cambio físico, por ejemplo, de clima. Los números proporcionales de sus habitantes experimentarán casi inmediatamente un cambio, y algunas especies llegarán probablemente a extinguirse. De lo que hemos visto acerca del modo íntimo y complejo como están unidos entre sí los habitantes de cada país podemos sacar la conclusión de que cualquier cambio en las proporciones numéricas de algunas especies afectaría seriamente a los otros habitantes, independiente del cambio del clima mismo. Si el país estaba abierto en sus límites, inmigrarían seguramente formas nuevas, y esto perturbaría también gravemente las relaciones de algunos de los habitantes anteriores. Recuérdese que se ha demostrado cuán poderosa es la influencia de un solo árbol o mamífero introducido. Pero en el caso de una isla o de un país parcialmente rodeado de barreras, en el cual no puedan entrar libremente formas nuevas y mejor adaptadas, tendríamos entonces lugares en la economía de la naturaleza que estarían con seguridad mejor ocupados si algunos de los primitivos habitantes se modificasen en algún modo; pues si el territorio hubiera estado abierto a la inmigración, estos mismos puestos hubiesen sido cogidos por los intrusos. En estos casos, modificaciones ligeras, que en modo alguno favorecen a los individuos de una especie, tenderían a conservarse, por adaptarlos mejor a las condiciones modificadas, y la selección natural tendría campo libre para la labor de perfeccionamiento.

Y también dos párrafos después donde leemos:

No puede citarse ningún país en el que todos los habitantes indígenas estén en la actualidad tan perfectamente adaptados entre sí y a las condiciones físicas en que viven que ninguno de ellos pueda estar todavía mejor adaptado o perfeccionado; pues en todos los países los habitantes indígenas han sido hasta tal punto conquistados por producciones naturalizadas, que han permitido a algunos extranjeros tomar posesión firme de la tierra. Y como los extranjeros han derrotado así en todos los países a algunos de los indígenas, podemos seguramente sacar la conclusión de que los indígenas podían haber sido modificados más ventajosamente, de modo que hubiesen resistido mejor a los invasores.

Y así nos vamos acercando a la explicación final que tiene lugar en el último párrafo de la conclusión del mismo capítulo:

Esta teoría se robustece también por algunos otros hechos relativos a los instintos, como el caso común de especies muy próximas, pero distintas, que, habitando en partes distintas del mundo y viviendo en condiciones considerablemente diferentes, conservan, sin embargo, muchas veces, casi los mismos instintos. Por ejemplo: por el principio de la herencia podemos comprender por qué es que el tordo de la región tropical de América del Sur tapiza su nido con barro, de la misma manera especial que lo hace nuestro zorzal de Inglaterra; por qué los cálaos de África y de India tienen el mismo instinto extraordinario de emparedar y aprisionar las hembras en un hueco de un árbol, dejando sólo un pequeño agujero en la pared, por el cual los machos alimentan a la hembra y a sus pequeñuelos cuando nacen; por qué las ratillas machos (Troglodytes) de América del Norte hacen nidos de macho («cock-nests»), en los cuales descansan como los machos de nuestras ratillas, costumbre completamente distinta de las de cualquier otra ave conocida. Finalmente, puede no ser una deducción lógica, pero para mi imaginación es muchísimo más satisfactorio considerar instintos, tales como el del cuclillo joven, que expulsa a sus hermanos

adoptivos; el de las hormigas esclavistas; el de las larvas de icneumónidos, que se alimentan del cuerpo vivo de las orugas, no como instintos especialmente creados o fundados, sino como pequeñas consecuencias de una ley general que conduce al progreso de todos los seres orgánicos; o sea, que multiplica, transforma y deja vivir a los más fuertes y deja morir a los más débiles.

Ahora ya sabemos lo que vio Darwin en su viaje por Sudamérica y que lo había llevado a escribir. Su libro, como han hecho ver algunos naturalistas profesionales no trata realmente del origen de las especies, sino de otra cosa. Es una obra de adoctrinamiento. Inculca en la mente del lector la idea de que la vida es competición, lucha. Que las razas favorecidas, es decir, las avanzadas, sobreviven y las inferiores sucumben. Es un manual para la introducción social de la Eugenesia, una teoría que a pesar de su desastrosa trayectoria a lo largo del siglo XX todavía hoy goza de una salud mejor que lo deseable.

Bibliografía

1. Albaladejo Mayordomo, T. 1989. Retórica. Ed. Síntesis, Madrid.
2. Aristóteles. Retórica. Alianza Editorial El libro de Bolsillo. Clásicos de Grecia y Roma. 1ª ed 1998, 5ª reimpresión 2004.
3. Cattani, Adelino. 2003. Los usos de la retórica. Alianza Editorial. Madrid.
4. Cervantes, Emilio. 2013. Manual para detectar la impostura científica: Examen del libro de Darwin por Flourens. Digital CSIC:
    http://digital.csic.es/bitstream/10261/76630/1/Manual%20para%20detectar%20la%20impostura%20cient%C3%ADfica.pdf
5. Cirlot, JE. 2014. Diccionario de símbolos. 18ª ed. Ed Siruela.
6. Eliade, Mircea. 1973. Mito y Realidad. 2ª ed. Guadarrama. Madrid.
7. Flourens, Pierre. 1864. Examen du libre de M Darwin sur l'Origine des Espèces. Garnier Frères, Paris. Ver la traducción al español y comentarios de Emilio Cervantes en Digital CSIC:
    http://digital.csic.es/bitstream/10261/76630/1/Manual%20para%20detectar%20la%20impostura%20cient%C3%ADfica.pdf
8. Lamarck. Hydrogeologie.
    http://www.lamarck.cnrs.fr/ouvrages/docpdf/Hydrogeologie.pdf
9. Lausberg, H. 1967. Manual de Retórica Literaria, trad. esp. de J. Pérez Riesco. Gredos, Madrid.
10. Mayoral, JA. 1994. Figuras retóricas. Ed. Síntesis, Madrid, 320 pp.
11. Midgley, M. 2004. The Miths we live by. Routledge.
12. Mortara Garavelli, B. 2000. Manual de retórica, Milán 1988, trad. esp. de M.J. Vega, 3ªed. Ed. Cátedra. Madrid.
13. d'Ors, Eugenio. 1949. Nuevo Glosario. Vol III 1934-1943. Aguilar Madrid.
14. Panofsky, Erwin. 1986. Arquitectura gótica y pensamiento escolástico. Las ediciones de la Piqueta. Madrid.
15. Perelman y Olbrecht-Tyteca. 1989. Tratado de la Argumentación. La Nueva Retórica, París
16. 1958, trad. esp. de J. Sevilla Muñoz, 3ªreimp.Ed. Gredos, Madrid.
17. Peters, Robert Henry. 1976. Tautology in Evolution and Ecology. The American Naturalist 110 (971), 1-12.
18. Platón. Obras Completas. Aguilar.

19. Pujante, D. 1996. El hijo de la Persuasión, 2ª ed. Instituto de Estudios Riojanos. Logroño.
20. Pujante, D. 2003.Manual de retórica. Castalia, Madrid.
21. Rusell, Bertrand. 2010. Autobiografía. Edhasa.
22. Thompson. , WR. 1967. "Introducción", en Darwin CR, "El Origen de las Especies Mediante la Selección Natural", Sexta Edición, 1872, Biblioteca Everyman, JM Dent & Sons: Londres, reimpresión, p.xi).
23. Vallejo, Fernando. 2002. La Tautología Darwinista. Taurus.
24. Vega Reñón, L, Olmos Gómez P (eds.), Compendio de Lógica, Argumentación y Retórica. Ed Trotta, Madrid 2011.
25. Wylie Dan. 2009. Elephant. Reaktion books. London

Apéndice I:

Lamarck en El Origen de las Especies

Muchos son los párrafos de El Origen de las Especies inspirados en la obra de Lamarck. La mayoría permanecen en el texto sin la debida referencia. Curiosamente están bien referenciados aquellos en los que el autor puede, por algún motivo, mostrar su superioridad. Veremos algunos ejemplos de todos ellos, pero antes veamos los textos originales de Lamarck.

En el capítulo VII de su obra *Philosophie Zoologique*, titulado *"De l'influence des circonstances sur les actions et les habitudes des animaux, et de celle des actions et des habitudes de ces corps vivants, comme causes qui modifient leur organisation et leurs parties"* (Sobre la influencia de las circunstancias en la acciones y costumbres de los animales, y la de las acciones y costumbres de los cuerpos vivos, como causas que modifican su organización y sus partes), se exponen las leyes primera y segunda:

Première loi

Dans tout animal qui n'a point dépassé le terme de ses développements, l'emploi plus fréquent et soutenu d'un organe quelconque, fortifie peu a peu cet organe, le développe, l'agrandit, et lui donne une puissance proportionée à la durée de cet emploi; tandis que le défaut constant d'usage de tel organe, l'affaiblit insensiblement, le deteriore, diminue progressivement ses facultés, et finit par le faire disparaître.

Primera ley

En todo animal que no ha pasado el final de su desarrollo, el uso más frecuente y sostenido de cualquier órgano, fortalece gradualmente este órgano, lo desarrolla, lo agranda, y le da un poder proporcionado a la duración de su empleo; mientras que la constante falta de uso de tal órgano, lo debilita imperceptiblemente, lo deteriora, disminuye progresivamente sus facultades, y eventualmente termina por hacerlo desaparecer

Deuxième loi

Tout ce que la nature a fait acquérir ou perdre aux individus par l'influence des circunstances oú leur race se trouve depuis longtemps exposée, et par conséquent, par l'influence de l'emploi prédominant de tel organe, ou par celle d'un défaut constant d'usage de telle partie; elle le conserve par la génération aux nouveaux individus qui en proviennent, pourvu que les changements acquis soient communs aux deux sexes, ou a ceux qui ont produits ces deux individus.

Segunda Ley

Todo lo que la naturaleza ha hecho que los individuos ganen o pierdan por la influencia de circunstancias o de su raza se encuentra expuesto desde hace tiempo, y en consecuencia, por la influencia del uso predominante de dicho órgano, o la de la falta constante de su uso, ella lo conserva mediante su generación en los nuevos individuos que vienen, siempre que los cambios adquiridos sean comunes a ambos sexos, o a quienes han producido estos dos individuos.

Encontramos en este capítulo VII de *Philosophie Zoologique* numerosos ejemplos de adaptación, es decir, de la primera ley. Aunque indica que en los vegetales a menudo son debidos a cambios en la nutrición, no faltan buenos ejemplos. Así, indica Lamarck, individuos mal alimentados pueden acabar por dar una raza distinta. Si una semilla de hierba de pradera se transporta a un lugar elevado y expuesto a los vientos, la planta resultante estará mal alimentada y acabará dando una raza distinta de la original, con individuos más pequeños y proporciones particulares. El cambio en el clima, en la alimentación, en las costumbres resulta en cambios de talla, proporción, color, consistencia,.....Así algunas plantas pilosas devienen glabras, otras reptantes cambian a erguidas, otras pierden sus espinas o pasan de tener un tallo leñoso a herbáceo. Cita el ejemplo del trigo cultivado, bien diferente de las variedades silvestres. El de patos y ocas que han perdido la capacidad de volar. La gran variedad de razas caninas que sólo es posible como respuesta a la domesticación. Entre las plantas, el caso del *Ranunculus acuatilis*, que había citado también Goethe en La Metamorfosis de las Plantas: cuando crece hundido las hojas son finas y alargadas, mientras que las hojas que crecen en la superficie son anchas, redondeadas y lobuladas. En los animales, el cambio es más lento.

Proporciona asimismo Lamarck una serie de ejemplos de degeneración por falta de uso *(le défaut d'emploi d'un organe qui devrait exister, le modifie, l'appauvrit, et finit par l'annéantir*). Nos encontramos cinco ejemplos en esta categoría. En primer lugar el de la ballena mencionado por Geoffroy: la falta de uso hace que los dientes sean rudimentarios. Se había pensado que la ballena no tenía dientes pero Geoffroy los ha encontrado ocultos en las mandíbulas del feto. Tampoco el oso hormiguero tiene dientes, dice a continuación Lamarck.

El segundo ejemplo es un clásico: El topo que no ejercita la visión y por tanto casi ha perdido los ojos, conservando unos órganos muy pequeños y apenas visibles. Lo mismo ocurre con el Aspalax de Olivier en Egipto y un reptil acuático, el proteo y en los moluscos acéfalos.

El tercer ejemplo se refiere a las serpientes que habrían perdido las patas.

El cuarto a los insectos ápteros, *qui par le caractère natural de leur ordre et même de leur genre, devraient avoir des ailes, en manquent plus ou moins complètement, par défaut d'emploi*, dice Lamarck.

El quinto ejemplo se refiere a los humanos y más concretamente a los bebedores quienes, según las experiencias de M Tenon tienen el intestino acortado.

A continuación da una serie de ejemplos de lo contrario, es decir de casos en los que *l'emploi continuel d'un organe, avec des efforts faits pour en tirer un grand parti dans des circunstances qui l'exigent, fortifie, étend et agrandit cet organe, ou en crée de nouveaux qui peuvent exercer des fonctions devenues necessaires.*

Comenzamos por una serie de ejemplos en aves: Las membranas interdigitales se expanden en aves que deben moverse en la superficie del agua (patos y ocas) de la misma manera que en otros animales acuáticos (rana, tortuga de mar, nutria, castor). La conformación de los dedos será diferente si el ave tiene por costumbre posarse en los árboles. Así los dedos se alargan y las uñas se curvan en gancho para poder agarrarse mejor. Las patas serán alargadas y desprovistas de alas en las aves que viven en las orillas. En ellas se encuentra también el cuello alargado. Otros animales por motivos semejantes tienen lenguas alargadas (oso hormiguero, pico verde, lagartos, serpientes y colibríes). Otros ejemplos incluyen a los peces que por necesidad de ver lateralmente desarrollan sus ojos a un lado de la cabeza (lenguado, rodaballo, gallo), y las serpientes en la que tanto la posición de los ojos como la lengua contribuyen a la percepción del entorno.

Rien de plus remarcable que le produit des habitudes dans les mammiferes herbivores, dice a continuación el autor y comienza una serie de párrafos sobre las adaptaciones de los cuadrúpedos (elefantes, rinocerontes, bueyes, búfalos, caballos, etc.). Es en esta serie cuando aparece el clásico ejemplo de la jirafa (*Camelopardalis*):

On sait que cet animal, le plus grand des mammifères, habite l'interieur de l'Afrique, et qu'il vit dans des lieux où la terre, presque toujours aride et sans herbage, l'oblige de brouter le feuillage des arbres, et de s'efforcer continuellement d'y atteindre. Il es resulté de cette habitude, sostenue, depuis longtemps, dans tous les individus de sa race, que ses jambes de devant sont devenues plus longues que celles de derrière, et que son col s'est tellement allongé, que la giraffe, sans se dresser sur les jambes de derrière, èlève sa tête et atteint à six metres de hauteur (près de vingt pieds).

(Sabemos que este animal, el más grande de los mamíferos, habita el interior de África, y vive en lugares donde la tierra, casi siempre árida y sin hierba, lo obliga a pacer el follaje de los árboles, y a esforzarse continuamente por alcanzarlo. Resultado de esta costumbre, mantenida desde hace tiempo, es que en todos los individuos de su raza, las patas delanteras se volvieron más largas que las traseras, y su cuello se alargó tanto, que la jirafa, sin levantarse sobre las piernas traseras, levanta su cabeza y alcanza seis metres de altura (cerca de veinte pies).

Veamos ahora las huellas de estos escritos de Lamarck en OSMNS. Ya en la introducción (quinto párrafo) tenemos:

Al considerar el origen de las especies, es perfectamente concebible que un naturalista, reflexionando sobre las afinidades mutuas de los seres orgánicos, sobre sus relaciones embriológicas, su distribución geográfica, sucesión geológica y otros hechos semejantes, pueda llegar a la conclusión de que .. las especies no han sido creadas de forma independiente, sino que, al igual que las variedades, descienden de otras especies. Sin embargo, tal conclusión, aunque bien fundada, no sería satisfactoria, hasta que se pudiera demostrar cómo las innumerables especies que habitan en este mundo han sido modificadas, con el fin de adquirir esa perfección de estructura y co-adaptación que justamente excita nuestra admiración. Los naturalistas se refieren continuamente a las condiciones externas, tales como el clima, la comida, etc…, como la única causa posible de variación. En un sentido limitado, como veremos después, esto puede ser cierto, pero es absurdo atribuir a meras condiciones externas, la estructura, por ejemplo, del pájaro carpintero, con sus patas, cola, pico y lengua tan admirablemente adaptada a capturar insectos bajo la corteza de los árboles. En el caso del muérdago, que saca su alimento de ciertos árboles, que tiene semillas que deben ser transportadas por ciertas aves, y que tiene flores con sexos separados que requieren absolutamente la acción de ciertos insectos para llevar polen de una flor a otra, es igualmente absurdo explicar la estructura de este parásito y sus relaciones con varios seres orgánicos distintos, por los efectos de las condiciones externas, o de la costumbre, o de la voluntad de la propia planta.

Y en donde dice:

Los naturalistas se refieren continuamente a las condiciones externas, tales como el clima, la comida, etc…, como la única causa posible de variación.
Debería decir:

Como indica Lamarck, las condiciones externas, tales como el clima, la comida, etc…, son una causa posible de variación.

En el primer Capítulo titulado La variación en el Estado Doméstico las referencias veladas a la obra de Lamarck son numerosas. En particular en su primera sección llamada Causas de Variabilidad. Así tenemos por ejemplo, el primer párrafo del primer capítulo que dice:

Cuando comparamos los individuos de la misma variedad o sub-variedad de nuestras más viejas plantas y animales cultivados, uno de los primeros puntos que llama la atención es, que generalmente difieren más entre sí que los individuos de una especie o variedad en un estado de naturaleza. Y si reflexionamos sobre la vasta diversidad de las plantas y animales que han sido cultivados, y que han variado durante todas las edades en los más diferentes climas y tratamientos, nos vemos forzados a concluir que esta gran variabilidad se debe a que nuestras producciones domésticas han sido criadas en condiciones de vida no tan uniformes, y de alguna manera diferentes de aquellas a las que la especie madre ha estado expuesta en la naturaleza. Hay, también, una cierta probabilidad en la opinión propuesta por Andrew Knight, que esta variabilidad puede estar en parte relacionada con el exceso de alimento. Parece claro que los seres orgánicos deben ser expuestos durante varias generaciones a condiciones nuevas para causar gran cantidad de variación, y que, cuando la organización ha comenzado a variar una vez, continúa generalmente variando durante muchas generaciones. No hay registro de un organismo variable que deje de variar bajo cultivo. Nuestras plantas cultivadas más antiguas, como el trigo, todavía dan variedades nuevas: nuestros animales domésticos más antiguos aún son capaces de una rápida mejora o modificación.

Que, en resumen viene a ser: Si se toman individuos de la naturaleza y se someten a distintas condiciones, la diversidad aumenta en función de las condiciones ambientales. Las condiciones ambientales resultan en cambios heredables. En el capítulo séptimo de su obra titulada Philosophie Zoologique, Lamarck presentaba ésta cuestión con el título:

De l' influence des circonstances sur les actions et les habitudes des animaux, et de celle des actions et des habitudes de ces corps vivans, comme causes qui modifient leur organisation et leurs parties.

Así en la página 219 se lee:

je vais essayer de montrer combien est grande l' influence qu' exercent ces circonstances sur la forme générale, sur l' état des parties, et même sur l' organisation des corps vivans. Ainsi, c' est de ce fait très-positif dont il va être question dans ce chapitre......

Que traducimos:

Intentaré mostrar cuán grande es la influencia que ejercen estas circunstancias sobre la forma general, sobre las partes , e incluso en la organización de los cuerpos vivos. Así, este hecho demostrado se discutirá en este capítulo ... ...

Y, volviendo al Origen de las Especies, más adelante en este mismo primer capítulo:

Por lo que yo soy capaz de juzgar, despúes de mucho tiempo de atención al tema, las condiciones de vida parecen actuar de dos maneras: directamente sobre toda la organización o en algunas partes solo y afectando in (¿) directamente al sistema reproductor. Con respecto a la acción directa, debemos tener en cuenta que en todos los casos, como el profesor Weismann ha insistido últimamente, y como he dicho sea de paso se muestra en mi trabajo sobre "Variación bajo domesticación," hay dos factores: a saber, la naturaleza del organismo y la naturaleza de las condiciones. El primero parece ser mucho más importante, porque las variaciones casi similares a veces surgen en la medida de lo que podemos juzgar, condiciones desiguales, y, por otro lado, las variaciones disímiles producirse en las condiciones que parecen ser casi uniformes. Los efectos sobre la descendencia pueden ser definitivos, o no. Pueden ser considerados como definitivos, cuando todos o casi todos los descendientes de los individuos expuestos a ciertas condiciones durante varias generaciones se han modificado de la misma manera. Es extremadamente difícil llegar a ninguna conclusión en cuanto a la magnitud de los cambios que se han inducido así definitivamente. No puede, sin embargo, haber mucha duda acerca de muchos pequeños cambios, como el tamaño debido a la cantidad de alimentos, el color debido a la naturaleza del alimento, el grosor de la piel y el cabello del clima, etc Cada una de las infinitas variaciones que vemos en el plumaje de nuestras gallinas debe haber tenido alguna causa eficiente, y si la misma causa actuase uniformemente durante una larga serie de generaciones en muchos individuos, todos probablemente sería modificada de la misma manera. Hechos tales como los complejos y extraordinarios crecimientos de que siguen a la inserción de una gota de veneno por un insecto que producen agallas, nos enseñan qué modificaciones singulares podrían resultar en el caso de las plantas a partir de un cambio químico en la naturaleza de la savia.

Párrafo en el que de nuevo se aprecia la idea de Lamarck expresada en la siguiente frase:

Por lo que yo soy capaz de juzgar, después de mucho tiempo de atención al tema, las condiciones de vida parecen actuar de dos maneras: directamente sobre toda la organización o en algunas partes solo y afectando in (¿) directamente al sistema reproductor.

"there are two factors: namely, the nature of the organism and the nature of the conditions"

Si tan general frase ha de acompañarse de una cita, lo cual es dudoso, la cita no ha de ser la de Weismann sino que ha de ser inexcusablemente la de......Lamarck. En donde no cabe ninguna duda al respecto es poco después:

They may be considered as definite when all or nearly all the offspring of individuals exposed to certain conditions during several generations are modified in the same manner

Pueden ser considerados como definitivos, cuando todos o casi todos los descendientes de los individuos expuestos a ciertas condiciones durante varias generaciones se han modificado de la misma manera.

Aquí la idea forma parte, clave e inexcusable, del contenido de la obra de Jean Baptiste Lamarck y así debería haber sido mencionado.

Un poco más adelante (p 12) tenemos:

All such changes of structure, whether extremely slight or strongly marked, which appear among many individuals living together, may be considered as the in definite effects of the conditions of life on each individual organism

Mientras que en la Philosophie Zoologique de Lamarck leemos:

Quant aux circonstances qui ont tant de puissance pour modifier les organes des corps vivans, les plus influentes sont, sans doute, la diversité des milieux dans lesquels ils habitent ; mais, en outre, il y en a beaucoup d' autres qui ensuite influent considérablement dans la production des effets dont il est question.

El título de la segunda sección del primer capítulo vuelve a recordar directamente a Lamarck: *Effects of Habit and the use and disuse of Parts*. Pero las fuentes permanecen ocultas y así leemos:

Changed habits produce an inherited effect as in the period of the flowering of plants when transported from one climate to another. With animals the increased use or disuse of parts has had a more marked influence; thus I find in the domestic duck that the bones of the wing weigh less and the bones of the leg more, in proportion to the whole skeleton, than do the same bones in the wild duck; and this change may be safely attributed to the domestic duck flying much less, and walking more, than its wild parents. The great and inherited development of the udders in cows and goats in countries where they are habitually milked, in comparison with these organs in other countries, is probably another instance of the effects of use. Not one of our domestic animals can be named which has not in some country drooping ears; and the view which has been suggested that the drooping is due to disuse of the muscles of the ear, from the animals being seldom much alarmed, seems probable.

En el capítulo cuarto vuelven a asomar sus ideas en un texto:

Por los hechos referidos en el capítulo primero creo que no puede caber duda de que el uso ha fortalecido y desarrollado ciertos órganos en los animales domésticos, de que el desuso los ha hecho disminuir y de que estas modificaciones son hereditarias. En la naturaleza libre no tenemos tipo de comparación con que juzgar los efectos del uso y desuso prolongados, pues no conocemos las formas madres; pero muchos animales presentan conformaciones que el mejor modo de poderlas explicar es por los efectos del uso y desuso. Como ha hecho observar el profesor Owen, no existe mayor anomalía en la naturaleza que la de que un ave no pueda volar, y, sin embargo, hay varias en este estado. El Micropterus brachypterus, de América del Sur, puede sólo batir la superficie del agua, y tiene sus alas casi en el mismo estado que el pato doméstico de Aylesbrury; es un hecho notable el que los individuos jóvenes, según míster Cunningham, pueden volar, mientras que los adultos han perdido esta facultad. Como las aves grandes que encuentran su alimento en el suelo rara vez echan a volar, excepto para escapar del peligro, es probable que el no tener casi alas varias aves que actualmente viven, o que vivieron recientemente, en varias islas oceánicas donde no habita ningún mamífero de presa haya sido producido por el desuso. Las avestruces, es verdad, viven en continentes y están expuestos a peligros de los que no pueden escapar por el vuelo; pero pueden defenderse de sus enemigos a patadas, con tanta eficacia como cualquier cuadrúpedo. Podemos creer que el antepasado de los avestruces tuvo costumbres parecidas a las de la avutarda, y que, a medida que fueron aumentando el tamaño y peso de su cuerpo en las generaciones sucesivas, usó más sus patas y menos sus alas, hasta que llegaron a ser inservibles para el vuelo.

Que recuerda vivamente a otro:

« *Dans tout animal qui n'a point dépassé le terme de ses développements, l'emploi plus fréquent et soutenu d'un organe quelconque fortifie peu à peu cet organe, le développe, l'agrandit et lui donne une puissance proportionnée à la durée de cet emploi, tandis que le défaut constant d'usage de tel organe l'affaiblit insensiblement, le détériore, diminue progressivement ses facultés et finit par le faire disparaître.* » JB Lamarck. Première Loi. Chap VII: première partie. Philosophie zoologique

Algunos de los ejemplos de Darwin, están tomados de Lamarck. Así, si Lamarck había mencionado literalmente el caso del pato, ahora Darwin afine sobre el mismo ejemplo y nos habla también del *Micropterus brachypterus*, un animal que es citado aquí precisamente por comportarse igual que el pato doméstico.

Más adelante en el capítulo V vemos otros ejemplos:

The eyes of moles and of some burrowing rodents are rudimentary in size, and in some cases are quite covered by skin and fur. This state of the eyes is probably due to gradual reduction from disuse,

Los ojos de los topos y de algunos roedores minadores son rudimentarios por su tamaño, y en algunos casos están por completo cubiertos por piel y pelos. Este estado de los ojos se debe probablemente a reducción gradual por desuso,....

It is well known that several animals, belonging to the most different classes, which inhabit the caves of Carniola and Kentucky, are blind. In some of the crabs the foot-stalk for the eye remains, though the eye is gone; the stand for the telescope is there, though the telescope with its glasses has been lost. As it is difficult to imagine that eyes, though useless, could be in any way injurious to animals living in darkness, their loss may be attributed to disuse.

Es bien conocido que son ciegos varios animales pertenecientes a clases las más diferentes que viven en las grutas de Carniola y de Kentucky. En algunos de los crustáceos, el pedúnculo subsiste, aun cuando el ojo ha desaparecido; el pie para el telescopio está allí, pero el telescopio, con sus lentes, ha desaparecido. Como es difícil imaginar que los ojos, aunque sean inútiles, puedan ser en modo alguno perjudiciales a los animales que viven en la obscuridad, su pérdida ha de atribuirse al desuso.

En el capítulo VI:

We have seen that a species under new conditions of life may change its habits, or it may have diversified habits, with some very unlike those of its nearest congeners. Hence we can understand, bearing in mind that each organic being is trying to live wherever it can live, how it has arisen that there are upland geese with webbed feet, ground woodpeckers, diving thrushes, and petrels with the habits of auks.

Hemos visto que una especie, en condiciones nuevas de vida, puede cambiar de costumbres, y que una especie puede tener costumbres diversas -algunas de ellas muy diferentes- de las de sus congéneres más próximos. Por consiguiente, teniendo presente que todo ser orgánico se esfuerza por vivir dondequiera que puede hacerlo, podemos comprender cómo ha ocurrido que hay gansos de tierra con patas palmeadas, pájaros carpinteros que no viven en los árboles, tordos que bucean y petreles con costumbres de pingüinos.

En el resumen del VII:

On the other hand, the transportal of the lower eye of a flat-fish to the upper side of the head, and the formation of a prehensile tail, may be attributed almost wholly to continued use, together with inheritance

Asimismo, el ejemplo de la jirafa tomado de Lamarck aparece en el capítulo VII de OSMNS:

La jirafa, por su elevada estatura y por su cuello, miembros anteriores, cabeza y lengua muy alargados, tiene toda su conformación admirablemente adaptada para ramonear en las ramas más altas de los árboles. La jirafa puede así obtener comida fuera del alcance de los otros ungulados, o animales de cascos y de pesuñas, que viven en el mismo país, y esto tiene que serle de gran ventaja en tiempos de escasez. El ganado vacuno nato de América del Sur nos muestra qué pequeña puede ser la diferencia de conformación que determine, en tiempos de escasez, una gran diferencia en la conservación de la vida de un animal. Este ganado puede rozar, igual que los otros, la hierba; pero por la prominencia de la mandíbula inferior no puede, durante las frecuentes sequías, ramonear las ramitas de los árboles, las cañas, etcétera, alimento al que se ven obligados a recurrir el ganado vacuno común y los caballos; de modo que en los tiempos de sequía los ñatos mueren si no son alimentados por sus dueños. Antes de pasar a las objeciones de míster Mivart, puede ser conveniente explicar, todavía otra vez, cómo obrará la selección natural en todos los casos ordinarios. El hombre ha modificado algunos de sus animales, sin que necesariamente haya atendido a puntos determinados de estructura, simplemente conservando y obteniendo cría de los individuos más veloces, como en el caballo de carreras y el galgo, o de los individuos victoriosos, como en el gallo de pelea. Del mismo modo en la naturaleza, al originarse la jirafa, los individuos que ramoneasen más alto y que durante los tiempos de escasez fuesen capaces de alcanzar aunque sólo fuesen una pulgada o dos más arriba que los otros, con frecuencia se salvarían, pues recorrerían todo el país en busca de alimento. El que los individuos de la misma especie muchas veces difieren un poco en la longitud relativa de todas sus partes, puede comprobarse en muchas obras de Historia Natural, en las que se dan medidas cuidadosas. Estas pequeñas diferencias en las proporciones, debidas a las leyes de crecimiento y variación, no tienen la menor importancia ni utilidad en la mayor parte de las especies. Pero al originarse la jirafa habrá sido esto diferente, teniendo en cuenta sus costumbres probables, pues aquellos individuos que tuviesen alguna parte o varias partes de su cuerpo un poco más alargadas de lo corriente hubieron, en general, de sobrevivir. Estos se habrán unido entre sí y habrán dejado descendencia que habrá heredado, o bien las mismas peculiaridades o con una tendencia a variar de la misma manera, mientras que los individuos menos favorecidos a ese respecto habrán sido los más inclinados a desaparecer.

Ejemplo al que el autor regresa al final del capítulo:

En el caso de la jirafa, la conservación continua de aquellos individuos de algún rumiante extinguido que alcanzasen muy alto, que tuviesen el cuello, las patas, etc., más largos y pudiesen ramonear un poco por encima de la altura media, y la continuada destrucción de los individuos que no pudiesen ramonear tan alto, habría sido suficiente para la producción de este notable cuadrúpedo; aunque el uso prolongado de todas las partes, unido a la herencia, habrán ayudado de un modo importante a su coordinación. Respecto a los numerosos insectos que imitan a diversos objetos, no hay nada de improbable en la creencia de que una semejanza accidental con algún objeto común fue, en cada caso, la base para la labor de la selección natural, perfeccionada después por la conservación accidental de ligeras variaciones que hiciesen la semejanza mucho mayor; y esto habrá proseguido mientras el insecto continuase variando y mientras una semejanza, cada vez más perfecta, le permitiese escapar de enemigos dotados de vista penetrante. En ciertas especies de cetáceos existe una tendencia a la formación de pequeñas puntas córneas y regulares en el paladar; y parece estar por completo dentro del radio de acción de la selección natural el conservar todas las variaciones favorables hasta que las puntas se convirtieron, primero, en prominencias laminares o dientes como los del pico del ganso; luego, en laminillas cortas como las de los patos domésticos; después, en laminillas tan perfectas como las del pato cucharetero, y, finalmente, en las gigantescas placas o barbas, como las de la boca de la ballena franca. En la familia de los patos, las laminillas se usan primero como dientes; luego, en parte, como dientes y, en parte, como un aparato filtrante, y, por fin, se usan, casi exclusivamente, para este último objeto.

Un poco antes, en el mismo capítulo, se había referido también a los peces planos (pleuronéctidos), de los que Lamarck, como vimos, había mencionado también algún ejemplo.

A lo largo del texto (OSMNS), Lamarck es citado en tres ocasiones. Las dos primeras, para refutar alguna de sus ideas. Así en el capítulo cuarto:

Pero, si todos los seres orgánicos tienden a elevarse de este modo en la escala, puede hacerse la objeción de ¿cómo es que, por todo él mundo, existen todavía multitud de formas inferiores, y cómo es que en todas las grandes clases hay formas muchísimo más desarrolladas que otras? ¿Por qué las formas más perfeccionadas no han suplantado ni exterminado en todas partes a las inferiores? Lamarck, que creía en una tendencia innata e inevitable hacia la perfección en todos los seres orgánicos, parece haber sentido tan vivamente esta dificultad, que fue llevado a suponer que de continuo se producen, por generación espontánea, formas nuevas y sencillas.

Y también, con la misma intención de refutación, en el capítulo VIII:

El caso, además, es interesantísimo, porque prueba que en los animales, lo mismo que en las plantas, puede realizarse cualquier grado de modificación por la acumulación de numerosas variaciones espontáneas pequeñas que sean de cualquier modo útiles, sin que haya entrado en juego el ejercicio o costumbre; pues las costumbres peculiares, limitadas a los obreras o hembras estériles, por mucho tiempo que puedan haber sido practicadas, nunca pudieron afectar a los machos y a las hembras fecundas, que son los únicos que dejan descendientes. Me sorprende que nadie, hasta ahora, haya presentado este caso tan demostrativo de los insectos neutros en contra de la famosa doctrina de las costumbres heredadas, según la ha propuesto Lamarck.

Y también en una extraña cita en el capítulo XIV:

Semejanzas analógicas. -Según las opiniones precedentes, podemos comprender la importantísima diferencia entre las afinidades reales y las semejanzas analógicas o de adaptación. Lamarck fue el primero que llamó la atención sobre este asunto, y ha sido inteligentemente seguido por Macleay y otros. Las semejanzas en la forma del cuerpo y en los miembros anteriores, en forma de aletas, que existe entre los dugongs y las ballenas, y entre estos desórdenes de mamíferos y los peces, son semejanzas analógicas. También lo es la semejanza entre un ratón y una musaraña (Sorex) que pertenecen a órdenes diferentes, y la semejanza todavía mayor, sobre la cual ha insistido míster Mivart, entre el ratón y un pequeño marsupial (Antechinus) de Australia. Estas últimas semejanzas pueden explicarse, a mi parecer, por adaptación a movimientos activos similares, entre la hierba y los matorrales, y a ocultarse de los enemigos.

Hay que mencionar para finalizar que Lamarck es citado en esa especie de pliego de excusas que el autor denominó Historical Sketch (resumen o borrador histórico) y que incluyó en las ediciones posteriores a la quinta. Ya en el segundo párrafo de este apartado leemos:

"El primer hombre cuyas conclusiones sobre este asunto despertaron mucho la atención fue Lamarck. Este naturalista, justamente celebrado, publicó primero sus opiniones en 1801, las amplió sobremanera en 1809, en su *Philosophie Zoologique*, y, subsiguientemente, en 1815, en la Introducción a su *Hist. Nat. Des Animaux sans Vertébres*. En estas obras sostuvo la doctrina de que todas las especies, incluso el hombre, han descendido de otras especies. Fue el primero que prestó el eminente servicio de llamar la atención acerca de que todos los cambios, tanto en el mundo orgánico como en el inorgánico, son el resultado de una ley y no de una interposición milagrosa. Lamarck parece haber llegado principalmente a su conclusión sobre el cambio gradual de las especies por la dificultad de distinguir especies y variedades, por la gradación casi perfecta de ciertos grupos y por la analogía con las producciones domésticas. Respecto a los medios de modificación, atribuyó algo a la acción directa de las condiciones físicas de vida, algo al cruzamiento de formas ya existentes, y mucho al uso y desuso, es decir, a los efectos del hábito. A este último agente parece atribuir todas las hermosas adaptaciones de la naturaleza, tales como el cuello largo de la jirafa para ramonear las ramas de los árboles. Pero Lamarck creyó igualmente en una ley de desarrollo progresivo; y como todas las formas vivientes tienden, por consiguiente a progresar, para explicar la existencia en nuestros días de seres sencillos, sostuvo que estas formas se engendran en la actualidad espontáneamente.[1]"

Y la llamada a pie de página al final del párrafo tenemos: La fecha de la primera publicación de Lamarck la he tomado de Isidore Geoffroy Saint- Hilaire's ("Hist. Nat. Generale", tom. ii. page 405, 1859), excelente historia de las ideas sobre esta material. En esta obra se da una completa relación de las ideas de Buffon sobre el mismo asunto. Es curioso hasta qué punto mi abuelo, el doctor Erasmus Darwin, se anticipó a las ideas y erróneos fundamentos de las opiniones de Lamarck en su "Zoonomia" (vol. i. pages 500-510), publicada en 1794. Según Isid. Geoffroy there is no no hay duda de que Goethe fue partidario acérrimo de opinions parecidas, como se ve en la introducción a una obra escrita en 1794 y 1795, aunque no fue publicada hasta mucho despyués. Goethe observe agudamente ("Goethe als Naturforscher", von Dr. Karl Meding, s. 34) que el problema futuro para los naturalistas sería, por ejemplo, cómo el toro adquiere sus cuernos y no para qué los usa. Es quizá un ejemplo único de la manera en que opinions parecidas surgen aproximadamente al mismo tiempo, el hecho de que Goethe en Alemania, el Dr. Darwin en Inglaterra, y Geoffroy Saint-Hilaire (como veremos inmediatemente) en Francia, llegasen a la misma conclusión sobre el origen de las especies en los años 1794-5.

Una aclaración con la cual la contribución de Lamarck queda ya suficientemente oscurecida.

Apéndice 2:

Análisis de figuras retóricas en el capítulo cuarto (primeros párrafos)

La Selección Natural[131] o la Supervivencia de los Más Aptos[132] [133]

Selección Natural[134]: su fuerza[135] comparada con la selección del hombre [136] [137] ; su poder [138] sobre caracteres de escasa[139] importancia; su influencia[140] en todas las edades y en los dos sexos[141]. Selección sexual [142] . Acerca de [143] la generalidad [144] de los cruzamientos [145] entre individuos de la misma especie [146] . Circunstancias favorables [147] y desfavorables[148] para los resultados[149] de la selección

---

[131] Oxímoron
[132] Pleonasmo
[133] Duplicación léxica
[134] Oxímoron
[135] Prosopopeya
[136] Pleonasmo
[137] Repetición
[138] Prosopopeya
[139] Epíteto
[140] Prosopopeya
[141] Congeries
[142] Oxímoron
[143] Figura de la Elección. Clímax1
[144] Figura de la Elección Clímax2
[145] Figura de la Elección Clímax3
[146] Pleonasmo
[147] Figura de la Elección. Anticlimax 1.
[148] Figura de la Elección Anticlimax 1. Antítesis.
[149] Figura de la Elección Anticlimax 1.

natural [150] [151], a saber: cruzamiento, aislamiento y número de individuos. Acción lenta [152]. Extinción producida por la selección natural[153] [154]. La divergencia de caracteres relacionada con la diversidad de los habitantes de toda estación pequeña y con la aclimatación. Acción de la selección natural [155] [156] mediante la divergencia de caracteres y la extinción, sobre los descendientes de un progenitor común. Explica la agrupación de todos los seres orgánicos[157].

Progreso en la organización. Conservación de las formas inferiores. Convergencia de caracteres. Multiplicación indefinida de las especies. Resumen.

Natural Selection - its power compared with man's selection - its power on characters of trifling importance - its power at all ages and on both sexes - Sexual Selection - On the generality of intercrosses between individuals of the same species - Circumstances favourable and unfavourable to Natural Selection, namely, intercrossing, isolation, number of individuals - Slow action - Extinction caused by Natural Selection - Divergence of Character, related to the diversity of inhabitants of any small area, and to naturalisation - Action of Natural Selection, through Divergence of Character and Extinction, on the

---

[150] Prosopopeya
[151] Oxímoron
[152] Prosopopeya
[153] Prosopopeya
[154] Pleonasmo
[155] Prosopopeya
[156] Oxímoron
[157] Prosopopeya

descendants from a common parent - Explains the Grouping of all organic beings.

112. (558)

La lucha por la existencia[158], brevemente discutida en el capítulo anterior[159], ¿cómo obrará[160] en lo que se refiere a la variación? [161] El principio de la selección[162] [163], que hemos visto[164] es tan potente[165] en las manos del hombre [166] , ¿puede tener aplicación en las condiciones naturales? [167] [168] Creo [169] que hemos de ver[170] [171]_[172]que puede obrar[173] muy eficazmente[174]. Tengamos presente [175] el sinnúmero de variaciones pequeñas y de diferencias individuales[176] que aparecen

---

[158] Prosopopeya. Metalepsis

[159] Aposiopesis

[160] Prosopopeya

[161] Interrogación retórica

[162] Oxímoron

[163] Metonimia (selección por mejora)

[164] Aposiopesis.

[165] Prosopopeya

[166] Metonimia. Uso Falaz: lo que es potente en manos del hombre es el proceso de Mejora Genética

[167] Interrogación retórica cuya respuesta es un rotundo No. Si, como indica, se trata de El principio de la selección, tan potente en las manos del hombre, entonces en condiciones naturales no se da.

[168] Epibolé y paralelismo

[169] Aposiopesis. Imagen de moderación

[170] Obsecratio y perífrasis

[171] Paradoja

[172] Gradación

[173] Prosopopeya

[174] Aliteración

[175] Licencia. Perífrasis

[176] Congeries en metalepsis.

en nuestras producciones domésticas[177], y en menor grado en las que están en condiciones naturales, así como también la fuerza de la tendencia hereditaria[178]. Verdaderamente puede decirse que [179] , en domesticidad, todo el organismo se hace plástico en alguna medida [180] . Pero la variabilidad que encontramos casi universalmente [181] en nuestras producciones domésticas no está producida directamente por el hombre[182], según han hecho observar muy bien[183] Hooker y Asa Gray[184]; el hombre no puede crear variedades ni impedir su aparición[185] [186] ; puede únicamente conservar y acumular [187] aquellas que aparezcan[188]. Involuntariamente[189], el hombre somete los seres vivientes a nuevas y cambiantes[190] [191]condiciones de vida[192], y sobreviene la variabilidad;[193] pero cambios semejantes de

---

[177] Leptología
[178] Gradación, expresión polar (en menor....fuerza). Congeries: Fuerza de la tendencia
[179] Perífrasis
[180] Pleonasmo
[181] Paradoja
[182] Oxímoron
[183] Epíteto
[184] Perífrasis disimuladora
[185] Congeries
[186] Expresión polar o antítesis
[187] Duplicación léxica
[188] Expresión polar (lítote, antítesis)
[189] Oxímoron (involuntariamente somete)
[190] Duplicación léxica
[191] Pleonasmo
[192] Acumulación expletiva (vivientes, de vida)
[193] Gradación. Metalepsis

condiciones pueden ocurrir, y ocurren [194], en la naturaleza [195]. Tengamos también presente [196] cuán infinitamente [197] complejas y rigurosamente adaptadas [198] son las relaciones de todos los seres orgánicos entre sí y con condiciones físicas de vida,[199] y, en consecuencia, qué infinitamente [200] variadas diversidades[201] de estructura serían útiles a cada ser en condiciones cambiantes de vida. Viendo que indudablemente [202] se han presentado variaciones útiles al hombre, ¿puede, pues, parecer improbable[203] el que, del mismo modo, para cada ser, en la grande y compleja [204] batalla de la vida [205], tengan que presentarse otras variaciones útiles en el transcurso de muchas generaciones sucesivas[206]?[207] Si esto ocurre, ¿podemos dudar [208] -recordando que nacen muchos más individuos de los que acaso pueden[209] sobrevivir- que las individuos que tienen ventaja, por ligera que sea, sobre otros tendrían más probabilidades de sobrevivir y procrear su especie? [210] Por el contrario,

---

[194] Políptoto Epánodo (con función de gradación)
[195] Gradación: Somete.....Sobreviene, Pueden ocurrir y ocurren.
[196] Licencia. Perífrasis.
[197] Exclamación en paralelismo
[198] Duplicación léxica
[199] Pleonasmo (seres orgánicos con condiciones físicas de vida).
[200] Exclamación en paralelismo
[201] Congeries, pleonasmo
[202] Congeries y perífrasis
[203] Perífrasis para expresar el argumento de probabilidad (*eikós*).
[204] Duplicación léxica
[205] Metalepsis y metáfora
[206] Congeries: generaciones sucesivas
[207] Interrogación retórica
[208] Perífrasis
[209] Congeries: acaso pueden
[210] Serie de interrogaciones retóricas para conformar el entimema

<u>podemos estar seguros de que</u> [211] toda variación en el menor grado perjudicial tiene que ser rigurosamente[212] destruida. A esta conservación de las diferencias y variaciones [213] individualmente favorables y la destrucción de las que son perjudiciales [214] la he llamado yo[215] selección natural[216] o supervivencia de los más adecuados[217, 218]. Las variaciones ni útiles ni perjudiciales no se verían afectadas[219] por la selección natural [220] , permaneciendo como un elemento fluctuante, como tal vez lo vemos en ciertas[221] especies polimorfas, o en última instancia convirtiéndose en fijo, debido a la naturaleza del organismo y la naturaleza de las condiciones.

How will, the struggle for existence, briefly discussed in the last chapter, act in regard to variation? Can the principle of selection, which we have seen is so potent in the hands of man, apply under nature? I think we shall see that it can act most efficiently[222]. Let the endless number of slight variations and individual differences occurring in our domestic productions, and, in a lesser degree, in those under nature, be borne in mind; as well as the strength of the hereditary

---

[211] Perífrasis
[212] Pleonasmo
[213] Duplicación léxica
[214] Antítesis
[215] Licencia
[216] Oxímoron
[217] Pleonasmo
[218] Duplicación léxica
[219] Lítote.
[220] Oxímoron
[221] Aposiopesis
[222] Homeoteleuton

tendency. Under domestication, it may truly be said that the whole organisation becomes in some degree plastic. But the variability, which we almost universally meet with in our domestic productions is not directly produced, as Hooker and Asa Gray have well remarked, by man; he can neither originate varieties nor prevent their occurrence; he can only preserve and accumulate such as do occur. Unintentionally he exposes organic beings to <u>new and</u> <u>changing</u> <u>conditions of life</u>, and variability ensues; but similar changes of conditions might and do occur under nature. Let it also <u>be</u> borne in mind how infinitely complex and close-fitting <u>are</u> the mutual relations of all organic beings to each other and to their physical <u>conditions of life</u>; and consequently what infinitely varied diversities of structure <u>might be</u> of use to each <u>being</u> under <u>changing</u> <u>conditions of life</u>. Can it then be thought improbable, seeing that variations useful to man have undoubtedly occurred, that other variations useful in some way to each being in the great and <u>complex battle of life</u>[223], should occur in the course of many successive generations? If such do occur, can we doubt (remembering that many more individuals are born than can possibly survive) that individuals having any advantage, however slight, over others[224], would have the best chance of surviving and procreating[225] their kind? On the other hand, we may feel sure that any variation in the least degree injurious would be rigidly destroyed. This preservation of favorable individual differences and variations, and the destruction of those which are injurious, I have called

---

[223] Gradación
[224] Paralelismo: Paronomasia
[225] Homeoteleuton y duplicación léxica

Natural Selection, or the Survival of the Fittest. Variations neither useful nor injurious would not be affected by natural selection, and would be left either a fluctuating element, as perhaps we see in certain polymorphic species, or would ultimately become fixed,

owing to the nature of the organism and the nature of the conditions.

113. (328)

Varios autores [226] han entendido mal o puesto reparos[227] al término <u>selección natural</u>[228]. Algunos[229] hasta han imaginado que la <u>selección natural</u> [230] produce[231] la variabilidad, siendo así que implica[232] solamente la conservación de las variedades que aparecen y son beneficiosas al ser en sus condiciones de vida[233]. Nadie pone reparos a los agricultores que hablan de los poderosos efectos de la selección del hombre[234], y en este caso las diferencias individuales dadas por la naturaleza[235], que el hombre elige con algún objeto [236], tienen necesariamente que existir antes. Otros[237] han opuesto que el término selección

---

[226] Perífrasis disimuladora
[227] Diálage
[228] Oxímoron
[229] Perífrasis disimuladora
[230] Oxímoron
[231] Prosopopeya
[232] Prosopopeya
[233] Congeries y pleonasmo
[234] Perífrasis disimuladora, lítote en antítesis.
[235] Prosopopeya
[236] Congeries, pleonasmo, perífrasis
[237] Perífrasis disimuladora

implica elección consciente en los animales que se modifican, y hasta ha sido argüido que, como las plantas no tienen voluntad, la <u>selección natural</u>[238] no es aplicable a ellas. En el sentido literal de la palabra, indudablemente, <u>selección natural</u>[239] <u>es una expresión falsa</u>[240,241]; pero ¿quién pondrá nunca reparos a los químicos que hablan de las afinidades electivas de los diferentes elementos?[242] Y, sin embargo, de un ácido no puede decirse rigurosamente[243] que elige una base con la cual se combina de preferencia. Se ha dicho[244] que yo hablo de <u>la selección natural</u>[245] como de una potencia activa o divinidad; pero ¿quién hace cargos a un autor[246] que habla de la atracción de la gravedad como si regulase los movimientos de los planetas?[247] Todos sabemos[248] lo que se entiende e implican tales expresiones metafóricas, que son casi necesarias[249] para la brevedad[250]. Del mismo modo, además[251], es difícil evitar el personificar la palabra Naturaleza[252];

---

[238] Oxímoron
[239] Oxímoron
[240] Perífrasis. Prolepsis.
[241] Congeries, Concesio.
[242] Serie de interrogaciones retóricas para conformar el entimema
[243] Congeries
[244] Perífrasis disimuladora.
[245] Oxímoron
[246] Interrogación retórica y perífrasis disimuladora. Énfasis
[247] Serie de interrogaciones retóricas para conformar el entimema
[248] Perífrasis disimuladora. Metalepsis
[249] Concesio y obsecratio
[250] Extraña concepción de la brevedad ante tanta repetición y acumulación expletiva
[251] Congeries
[252] Antonomasia. La Naturaleza pasa a ser la Selección Natural, la lucha por la existencia y la supervivencia de los más aptos. Obsecratio. Licencia.

pero por Naturaleza quiero decir sólo[253] la acción y el resultado totales[254] de muchas leyes naturales, y por leyes, la sucesión de hechos, en cuanto son conocidos con seguridad por nosotros[255]. Familiarizándose un poco [256], estas objeciones [257] tan [258] superficiales [259] quedarán olvidadas[260].

Several writers have misapprehended or objected to the term Natural Selection. Some have even imagined that natural selection induces variability, whereas it implies only the preservation of such variations as arise and are beneficial to the being under its conditions of life. No one objects to agriculturists speaking of the potent effects of man's selection; and in this case the individual differences given by nature, which man for some object selects, must of necessity first occur. Others have objected that the term selection implies conscious choice in the animals which become modified; and it has even been urged that, as plants have no volition, natural selection is not applicable to them! In the literal sense of the word, no doubt, natural selection is a false term; but who, ever objected to chemists speaking of the elective affinities of the various elements?—and yet an acid cannot strictly be said to elect the base with which it in preference combines. It has been said that I speak of natural

---

[253] Detallamiento
[254] Congeries
[255] Metalepsis, perífrasis, pleonasmo
[256] Oxímoron. Obsecratio.
[257] Concesio
[258] Calificación intensiva (Páthos)
[259] Epíteto
[260] Obsecratio

selection as an active power or Deity; but who objects to an author speaking of the attraction of gravity as ruling the movements of the planets? Everyone knows what is meant and is implied by such metaphorical expressions; and they are almost necessary for brevity. So again it is difficult to avoid personifying the word Nature; but I mean by nature, only the aggregate action

and product of many natural laws, and by laws the sequence of events as ascertained by us. With a little familiarity such superficial objections will be forgotten.

114. (254)

Comprenderemos mejor[261] la marcha probable[262] de la <u>selección natural</u> [263] tomando el caso de un país[264] que experimente algún ligero cambio físico, por ejemplo, de clima. Los números proporcionales de sus habitantes experimentarán casi inmediatamente un cambio, y algunas especies llegarán probablemente [265] a extinguirse. [266] De lo que hemos visto [267] acerca del modo íntimo[268] y complejo[269] como están unidos entre sí los habitantes de cada país podemos sacar la conclusión de que cualquier cambio [270] en las proporciones numéricas de algunas especies afectaría

---

[261] Perífrasis
[262] Pleonasmo
[263] Oxímoron, prosopopeya
[264] Exemplum y metonimia
[265] Congeries
[266] Metonimia
[267] Aposiopesis
[268] Metáfora
[269] Congeries. Diálage
[270] Metonimia

seriamente a los otros habitantes, independiente del cambio del clima mismo[271]. Si el país estaba abierto en sus límites, inmigrarían seguramente[272] formas nuevas, y esto perturbaría también gravemente [273] las relaciones de algunos de los habitantes anteriores.

Recuérdese que se ha demostrado[274] cuán poderosa es la influencia de un solo árbol o mamífero introducido.[275] Pero en el caso de una isla o de un país parcialmente rodeado de barreras, en el cual no puedan entrar libremente formas nuevas y mejor adaptadas, [276] tendríamos entonces lugares en la economía de la naturaleza [277] que estarían con seguridad [278] mejor ocupados si algunos de los primitivos habitantes se modificasen en algún modo;[279] pues si el territorio hubiera estado abierto a la inmigración, estos mismos puestos hubiesen sido cogidos por los intrusos [280] . En estos casos, modificaciones ligeras, que en modo alguno favorecen a los individuos de una especie, tenderían a conservarse, por adaptarlos mejor a las condiciones modificadas, y la <u>selección natural</u>[281] tendría campo libre para la labor de perfeccionamiento[282].

---

[271] Leptología
[272] Perífrasis
[273] Congeries. Gradación. Homeotéleuton. Isocolon.
[274] Perífrasis
[275] Detallamiento. Aposiopesis.
[276] Diálage.
[277] Metalepsis. Prosopopeya.
[278] Pleonasmo. Perífrasis
[279] Homeotéleuta.
[280] Leptología y distributio
[281] Oxímoron
[282] Prosopopeya, congeries, antítesis.

We shall best understand the probable course of natural selection by taking the case of a country undergoing some slight physical change, for instance, of climate. The proportional numbers of its inhabitants will almost immediately undergo a change, and some species will probably become extinct. We may conclude, from what we have seen of the intimate and complex manner in which the inhabitants of each country are bound together, that any change in the numerical proportions of the inhabitants, independently of the change of climate itself, would seriously affect the others. If the country were open on its borders, new forms would certainly immigrate, and this would likewise seriously disturb the relations of some of the former inhabitants. Let it be remembered how powerful the influence of a single introduced tree or mammal has been shown to be. But in the case of an island, or of a country partly surrounded by barriers, into which new and better adapted forms could not freely enter, we should then have places in the economy of nature which would assuredly be better filled up if some of the original inhabitants were in some manner modified; for, had the area been open to immigration, these same places would have been seized on by intruders. In such cases, slight modifications, which in any way favoured the individuals of any species, by better adapting them to their altered conditions, would tend to be preserved; and natural selection would have free scope for the work of improvement.

115. (131)

Tenemos buen fundamento[283] para creer,[284] como se ha demostrado[285] en el capítulo tercero[286], que los cambios en las condiciones de vida producen una tendencia[287] a aumentar la variabilidad, y en los casos precedentes las condiciones han cambiado, y esto sería evidentemente[288] favorable a la selección natural[289], por aportar mayores probabilidades de que aparezcan variaciones útiles.[290] Si no aparecen éstas, la selección natural[291] no puede hacer nada[292]. No se debe olvidar nunca[293] que en el término variaciones están incluidas simples diferencias individuales [294]. Así como el hombre[295] puede producir un resultado grande en las plantas y animales domésticos sumando en una dirección dada diferencias individuales, también lo pudo hacer [296] la selección natural [297], aunque con mucha más facilidad, por tener tiempo incomparablemente mayor para obrar [298].

---

[283] Pleonasmo
[284] Oxímoron
[285] Licencia y perífrasis
[286] Aposiopesis
[287] Congeries
[288] Perífrasis
[289] Oxímoron. Antonomasia
[290] Polisíndeton.
[291] Oxímoron
[292] Prosopopeya
[293] Licencia/perífrasis disimuladora
[294] Pleonasmo
[295] Símil
[296] Prosopopeya
[297] Oxímoron
[298] Prosopopeya

We have good reason to believe, as shown in the first chapter, that changes in the conditions of life give a tendency to increased variability; and in the foregoing cases the conditions the changed, and this would manifestly be favourable to natural selection, by affording a better chance of the occurrence of profitable variations. Unless such occur, natural selection can do nothing. Under the term of "variations," it must never be forgotten that mere individual differences are included. As man can produce a great result with his domestic animals and

plants by adding up in any given direction individual differences, so could natural selection, but far more easily from having incomparably longer time for action.

116. (233)

No es que yo crea[299] que un gran cambio físico, de clima, por ejemplo, o algún grado extraordinario de aislamiento que impida la inmigración, es necesario para que tengan que quedar nuevos puestos vacantes para que la selección natural [300] los llene [301] , perfeccionando[302] algunos de los habitantes que varían; pues como todos los habitantes de cada región están luchando entre sí con fuerzas delicadamente equilibradas [303] , modificaciones ligerísimas en la conformación o en las costumbres[304] de una especie le

---

[299] Énfasis. Perífrasis disimuladora. Preterición.
[300] Oxímoron
[301] Prosopopeya
[302] Prosopopeya
[303] Pleonasmo
[304] Congeries

habrán de dar muchas veces ventaja sobre otras, y aun nuevas modificaciones de la misma clase aumentarán con frecuencia todavía más la ventaja, mientras la especie continúe en las mismas condiciones de vida y saque provecho de medios parecidos de subsistencia y defensa[305]. No puede citarse ningún país[306] en el que todos los habitantes indígenas estén en la actualidad tan perfectamente adaptados entre sí y a las condiciones físicas en que viven que ninguno de ellos pueda estar todavía mejor adaptado o perfeccionado; [307] pues en todos los países los habitantes indígenas han sido hasta tal punto conquistados por producciones naturalizadas, que han permitido a algunos extranjeros [308] tomar posesión firme de la tierra[309]. Y como los extranjeros han derrotado[310] así en todos los países a algunos de los indígenas, [311] podemos seguramente sacar la conclusión[312] de que los indígenas[313] podían haber sido modificados[314] más ventajosamente,[315] de modo que hubiesen resistido[316] mejor a los invasores.

Nor do I believe that any great physical change, as of climate, or any unusual degree of isolation, to check

---

[305] Detallamiento. Duplicación léxica en gradación
[306] Lítote. Perífrasis.
[307] Duplicación léxica.
[308] Oxímoron
[309] Leptología
[310] Homeotéleuton.
[311] Sinécdoque.
[312] Licencia
[313] Anadiplosis
[314] Homeotéleuton.
[315] Paralelismo
[316] Homeotéleuton.

immigration, is necessary in order that new and unoccupied places should be left for natural selection to fill up by improving some of the varying inhabitants. For as all the inhabitants of each country are struggling together with nicely balanced forces, extremely slight modifications in the structure or habits of one species would often give it an advantage over others; and still further modifications of the same kind would often still further increase the advantage, as long as the species continued under the same conditions of life and profited by similar means of subsistence and defence. No country can be named in which all the native inhabitants are now so perfectly adapted to each other and to the physical conditions under which they live, that none of them could be still better adapted or improved; for in all countries, the natives have been so far conquered by naturalised productions that they have allowed some foreigners to take firm possession of the land. And as foreigners have thus in every country beaten some of the natives, we may safely conclude that the natives might have been modified with advantage, so as to have better resisted the intruders.

117. (391)

Si el hombre puede producir, y seguramente ha producido [317], resultados grandes con sus modos metódicos[318] o inconscientes[319] de selección, ¿qué no podrá efectuar la selección natural[320]? [321,322] El hombre

---

[317] Congeries licencia en gradación y epánodo. Perífrasis
[318] Congeries
[319] Oxímoron
[320] Oxímoron

puede obrar sólo sobre caracteres externos y visibles. [323] La Naturaleza [324] -si se me permite [325] personificar [326] la conservación o supervivencia natural[327] de los más adecuados[328]- no atiende a nada por las apariencias, excepto en la medida que son útiles a los seres[329]. Puede obrar[330] sobre todos los órganos internos, sobre todos los matices de diferencia de constitución, sobre el mecanismo entero de la vida.[331] El hombre selecciona solamente para su propio bien; la Naturaleza[332] lo hace sólo para el bien del ser que tiene a su cuidado[333]. La Naturaleza[334] hace funcionar[335] plenamente todo carácter seleccionado, como lo implica el hecho[336] de su selección[337]. El hombre retiene en un mismo país los seres naturales de varios climas; raras veces ejercita de modo peculiar y adecuado[338] cada carácter elegido; alimenta con la misma comida una paloma de pico largo y una de pico corto; no ejercita de algún modo especial un

---

[321] Prosopopeya
[322] Interrogación retórica
[323] Duplicación léxica
[324] Antonomasia
[325] Obsecratio
[326] Concesio
[327] Congeries
[328] Pleonasmo
[329] Prosopopeya
[330] Prosopopeya
[331] Detallamiento en gradación. Anáforas
[332] Antonomasia
[333] Prosopopeya. Antítesis
[334] Antonomasia
[335] Prosopopeya
[336] Figuras de la elección: Perífrasis y Metalepsis
[337] Prosopopeya
[338] Diálage.

cuadrúpedo de lomo alargado o uno de patas largas; somete al mismo clima ovejas de lana corta y de lana larga; no permite a los machos más vigorosos luchar por las hembras; no destruye con rigidez todos los individuos inferiores, sino que, en la medida en que puede, protege todos sus productos en cada cambio de estación; empieza con frecuencia su selección por alguna forma semi-monstruosa o, por lo menos, por alguna modificación lo bastante saliente para que atraiga la vista o para que le sea francamente útil[339]. En la Naturaleza, las más ligeras diferencias de estructura o constitución pueden muy bien inclinar la balanza,[340] tan delicadamente equilibrada,[341] en la lucha por la existencia y ser así conservadas.[342] ¡Qué fugaces son los deseos y esfuerzos del hombre! ¡Qué breve su tiempo!, y, por consiguiente, ¡qué pobres serán sus resultados, en comparación con los acumulados en la Naturaleza[343] durante períodos geológicos enteros! [344] ¿Podemos, pues,[345] maravillarnos[346] de que las producciones de la Naturaleza[347] hayan de ser de condición mucho más

---

[339] Leptología. Antítesis en clímax y anticlímax, prosapódosis.

[340] Metáfora.

[341] Calificación intensiva. Pleonasmo.

[342] Gradación.

[343] Prosapódosis

[344] Anáforas y exclamaciones retóricas

[345] Entramado de combinaciones de dos grupos de isocola cada uno, cuatro con paromeosis en forma de quiasmo (then/than/that/they) y cinco homeotéleuta (wonder /"truer"/character/better/higher), junto con paromeosis anafórica (should be/should be/should...bear) con homeotéleuta intercalados: infinitely/plainly.

[346] Perífrasis

[347] Prosopopeya y antonomasia

real[348] que las producciones del hombre;[349] de que hayan de estar infinitamente mejor adaptadas[350] a las más complejas condiciones de vida y de que hayan de llevar claramente el sello[351] de una fabricación[352] superior?[353]

As man can produce, and certainly has produced, a great result by his methodical and unconscious means of selection, what may not natural selection effect? Man can act only on external and visible characters: Nature, if I may be allowed to personify the natural preservation or survival of the fittest, cares nothing for appearances, except in so far as they are useful to any being. She can act on every internal organ, on every shade of constitutional difference, on the whole machinery of life. Man selects only for his own good; Nature only for that of the being which she tends. Every selected character is fully exercised by her, as is implied by the fact of their selection. Man keeps the natives of many climates in the same country. He seldom exercises each selected character in some peculiar and fitting manner; he feeds a long and a short-beaked pigeon on the same food; he does not exercise a long-backed or long-legged quadruped in any peculiar manner; he exposes sheep with long and short wool to the same climate; does not allow the most vigorous males to struggle for the females; he does not rigidly destroy all inferior animals, but

---

[348] Congeries y oxímoron
[349] Prosapódosis
[350] Congeries, pleonasmo y prosapódosis.
[351] Metáfora
[352] Prosopopeya
[353] Interrogación retórica

protects during each varying season, as far as lies in his power, all his productions. He often begins his selection by some half-monstrous form, or at least by some modification prominent enough to catch the eye or to be plainly useful to him. Under nature, the slightest differences of structure or constitution may well turn the nicely-balanced scale in the struggle for life, and so be preserved. How fleeting are the wishes and efforts of man! How short his time, and consequently how poor will be his results, compared with those accumulated by Nature during whole geological periods! Can we wonder, then, that Nature's productions should be far "truer" in character than man's productions; that they should be infinitely better adapted to the most complex conditions of life, and should plainly bear the stamp of far higher workmanship?

118. (125)

Metafóricamente puede decirse [354] que la selección natural[355] está buscando[356] cada día y cada hora[357] por todo el mundo las más ligeras variaciones [358] ; rechazando las que son malas; conservando y sumando todas las que son buenas[359]; trabajando[360] silenciosa e

---

[354] Obsecratio Concesio
[355] Oxímoron
[356] Sucesión de homeotéleuta: scrutinizing/rejecting/preserving/adding/working
[357] Oxímoron y prosopopeya
[358] Congeries
[359] Congeries, antítesis y metalepsis.
[360] Prosopopeya

insensiblemente, cuandoquiera y dondequiera[361] que se ofrece la oportunidad,[362] por el perfeccionamiento de cada ser orgánico en relación con sus condiciones orgánicas e inorgánicas de vida[363]. Nada vemos de estos cambios lentos y progresivos[364] hasta que la mano del tiempo[365] ha marcado el transcurso de las edades; y entonces, tan imperfecta es nuestra visión de las remotas edades geológicas, que vemos[366] sólo que las formas orgánicas son ahora diferentes de lo que fueron en otro tiempo.[367]

It may metaphorically be said that natural selection is daily and hourly scrutinising, throughout the world, the slightest variations; rejecting those that are bad, preserving and adding up all that are good; silently and insensibly working, WHENEVER AND WHEREVER OPPORTUNITY OFFERS, at the improvement of each organic being in relation to its organic and inorganic conditions of life. We see nothing of these slow changes in progress, until the hand of time has marked the long lapse of ages, and then so imperfect is our view into long-past geological ages that we see only that the forms of life are now different from what they formerly were.

119. (169)

---

[361] Paronomasia.
[362] Congeries, perífrasis, pleonasmo
[363] Prosopopeya
[364] Duplicación léxica
[365] Prosopopeya, metalepsis
[366] Anáforas en antítesis: We see nothing/we see only
[367] Licencia

Para que en una especie se efectúe alguna modificación grande, una variedad ya formada[368] tuvo que variar[369] de nuevo[370] -quizá después de un gran intervalo de tiempo-, o tuvo [371] que presentar diferencias individuales[372] de igual naturaleza que antes, y éstas tuvieron que ser de nuevo [373] conservadas, y así, progresivamente, paso a paso [374] . Viendo que diferencias individuales de la misma clase vuelven a presentarse siempre de nuevo[375], difícilmente puede considerarse esto como una suposición injustificada[376].

Pero el que sea cierta o no[377] sólo podemos juzgarlo viendo hasta qué punto la hipótesis explica y concuerda [378] con los fenómenos generales de la naturaleza[379]. Por otra parte, la creencia ordinaria[380] de que la suma de variación posible es una cantidad estrictamente limitada es igualmente una simple suposición[381].

---

[368] Pleonasmo

[369] Paronomasia

[370] Perífrasis

[371] Anáfora

[372] Oxímoron: Una variedad no puede presentar diferencias individuales, estas son propias de los individuos

[373] Símploque

[374] Congeries

[375] Pleonasmo

[376] Perífrasis, licencia

[377] Congeries

[378] Congeries

[379] Congeries Pleonasmo

[380] ¿Qué es una creencia ordinaria? Licencia

[381] Pleonasmo, anáfora, epifonema y perífrasis.

In order that any great amount of modification should be effected in a species, a variety, when once formed must again, perhaps after a long interval of time, vary or present individual differences of the same favourable nature as before; and these must again be preserved, and so onward, step by step. Seeing that individual differences of the same kind perpetually recur, this can hardly be considered as an unwarrantable assumption. But whether it is true, we can judge only by seeing how far the hypothesis accords with and explains the general phenomena of nature. On the other hand, the ordinary belief that the amount of possible variation is a strictly limited quantity, is likewise a simple assumption.

120. (424)

Aun cuando la selección natural[382] puede obrar[383] solamente por el bien y para el bien[384] de cada ser, sin embargo, caracteres y estructuras[385] que estamos inclinados a considerar como de importancia insignificante pueden ser influidos por ella[386]. Cuando vemos verdes los insectos que comen hojas, y moteados de gris los que se alimentan de cortezas, blanco en invierno el *Lagopus mutus* o perdiz alpina, y del color de los brezos el *Lagopus scoticus* o perdiz de Escocia,[387] hemos de creer[388] que estos colores son de

---

[382] Oxímoron
[383] Prosopopeya
[384] Congeries y políptoton
[385] Duplicación léxica
[386] Prosopopeya
[387] Commoratio.
[388] Perífrasis.

utilidad a estos insectos y aves para librarse de peligros.[389] Los Lagopus, si no fuesen destruidos en algún período de su vida, aumentarían hasta ser innumerables[390]; pero se sabe que sufren mucho por las aves de rapiña, y los halcones se dirigen a sus presas por el sentido de la vista, tanto, que en algunos sitios del continente se aconseja no conservar palomas blancas, por ser las más expuestas a destrucción.[391] Por consiguiente, la selección natural[392] pudo ser eficaz[393] para dar el color conveniente a cada especie de Lagopus y conservar este color justo y constante una vez adquirido [394]. No debemos creer [395] que la destrucción accidental de un animal de un color particular haya de producir pequeño efecto; hemos de recordar[396] lo importante que es en un rebaño de ovejas blancas destruir todo cordero con la menor señal de negro.[397] Hemos visto cómo el color de los cerdos que se alimentan de paint-root (*Lachnanthes tinctoria*) en Virginia determina el que hayan de morir o vivir.[398] En las plantas, la vellosidad del fruto y el color de la carne son considerados por los botánicos como caracteres de importancia la más insignificante; [399] sin embargo, sabemos por un excelente[400]

---

[389] Exempla
[390] Metalepsis, pleonasmo, perífrasis
[391] Distributio
[392] Oxímoron
[393] Prosopopeya
[394] Prosopopeya, detallamiento, congeries
[395] Licencia, lítote y perífrasis.
[396] Metalepsis
[397] Commoratio
[398] Commoratio
[399] Commoratio
[400] Epíteto

horticultor, Downing, que en los Estados Unidos las frutas de piel lisa son mucho más atacadas por un coleóptero, un Curculio, que las que tienen vello,[401] y que las ciruelas moradas padecen mucho más cierta enfermedad que las ciruelas amarillas,[402] mientras que[403] otra enfermedad ataca a los melocotones de carne amarilla[404] mucho más que a los que tienen la carne de otro color[405]. Si con todos los auxilios del arte[406] estas ligeras diferencias producen una gran diferencia[407] al cultivar las distintas variedades[408], seguramente[409] que, en estado natural, en el que los árboles tendrían que luchar con otros árboles y con una legión de enemigos[410] estas diferencias decidirían realmente el que hubiese de triunfar[411], un fruto liso o pubescente, un fruto de carne amarilla o de carne morada.[412]

Although natural selection can act only through and for the good of each being, yet characters and structures, which we are apt to consider as of very trifling importance, may thus be acted on. When we see leaf-eating insects green, and bark-feeders mottled-grey; the alpine ptarmigan white in winter, the red-grouse

---

[401] Metonimia
[402] Metonimia
[403] Sinécdoque.
[404] Símploque
[405] Detallamiento
[406] Congeries
[407] Epífora,prosapódosis antitética.
[408] Pleonasmo
[409] Perífrasis
[410] Prosopopeya, metalepsis
[411] Gradación, perifrasis, licencia
[412] Congeries, antithesis, paralelismo, anaphora y distributio

the colour of heather, we must believe that these tints
are of service to these birds and insects in preserving
them from danger. Grouse, if not destroyed at some
period of their lives, would increase in countless
numbers; they are known to suffer largely from birds
of prey; and hawks are guided by eyesight to their
prey,—so much so that on parts of the continent
persons are warned not to keep white pigeons, as being
the most liable to destruction. Hence natural selection
might be effective in giving the proper colour to each
kind of grouse, and in keeping that colour, when once
acquired, true and constant. Nor ought we to think that
the occasional destruction of an animal of any
particular colour would produce little effect; we should
remember how essential it is in a flock of white sheep
to destroy a lamb with the faintest trace of black. We
have seen how the colour of hogs, which feed on the
"paint-root" in Virginia, determines whether they shall
live or die. In plants, the down on the fruit and the
colour of the flesh are considered by botanists as
characters of the most trifling importance; yet we hear
from an excellent horticulturist, Downing, that in the
United States smooth-skinned fruits suffer far more
from a beetle, a Curculio, than those with down; that
purple plums suffer far more from a certain disease
than yellow plums; whereas another disease attacks
yellow-fleshed peaches far more than those with other
coloured flesh. If, with all the aids of art, these slight
differences make a great difference in cultivating the
several varieties, assuredly, in a state of nature, where
the trees would have to struggle with other trees and
with a host of enemies, such differences would
effectually settle which variety, whether a smooth or

downy, a yellow or a purple-fleshed fruit, should succeed.

121. (85)

Al considerar las muchas diferencias pequeñas[413] que existen entre especies -diferencias que, hasta donde nuestra ignorancia nos permite juzgar[414], parecen completamente insignificantes[415] - no hemos de olvidar[416] que el clima, comida etc. han producido indudablemente[417] algún[418] efecto directo. También es necesario tener presente[419] que, debido a la ley de correlación, cuando una parte varía y las variaciones se acumulan[420] por selección natural[421], sobrevendrán otras modificaciones, muchas veces de naturaleza la más inesperada.[422]

In looking at many small points of difference between species, which, as far as our ignorance permits us to judge, seem quite unimportant, we must not forget that climate, food, etc., have no doubt produced some direct effect. It is also necessary to bear in mind that, owing to the law of correlation, when one part varies and the variations are accumulated through natural selection,

---

[413] Pleonasmo
[414] Obsecratio, concesio en perífrasis irónica de simulación.
[415] Congeries
[416] Licencia y perífrasis
[417] Perífrasis
[418] Perífrasis
[419] Perífrasis
[420] Congeries en gradación
[421] Oxímoron
[422] Metonimia.

other modifications, often of the most unexpected nature, will ensue.

122. (285)

Así como vemos[423] que las variaciones que aparecen en domesticidad en un <u>período</u> determinado de la vida tienden a reaparecer en la descendencia en el mismo <u>período</u>[424] -por ejemplo: las variaciones en la forma, tamaño y sabor de las semillas de las numerosas variedades de nuestras plantas culinarias y agrícolas, en los estados de oruga y crisálida de las variedades del gusano de seda, en los huevos de las aves de corral y en el color de la pelusa de sus polluelos, en las astas de los carneros y ganado vacuno cuando son casi adultos[425]-, de igual modo, [426] en la naturaleza, la selección natural [427] podrá influir [428] en los seres orgánicos y modificarlos [429] en cualquier <u>edad</u> por la acumulación[430], en esta <u>edad</u>[431], de variaciones útiles, y por su herencia en la <u>edad</u>[432] correspondiente. Si es útil a una planta[433] el que sus semillas sean diseminadas por el viento a distancia cada vez mayor, no puedo ver yo[434] mayor dificultad[435] en que esto se efectúe por

---

[423] Inicio del símil
[424] Epífora
[425] Detallamiento y distributio
[426] Final del símil
[427] Oxímoron
[428] Prosopopeya
[429] Prosopopeya y congeries en gradación
[430] Prosopopeya
[431] Epífora
[432] Epífora
[433] Prosopopeya. Nada hay que sea útil a una planta
[434] Licencia y concesio

selección natural [436] que en que el cultivador de algodón aumente y mejore por selección los pelos lanosos en las cápsulas de sus algodoneros. La selección natural[437] puede modificar[438] y adaptar[439] la larva de un insecto a una porción de circunstancias[440] completamente diferentes de las que conciernen al insecto adulto, y estas modificaciones pueden influir, por correlación, en la estructura del adulto[441]. También, inversamente, modificaciones[442] en el adulto pueden[443] influir en la estructura de la larva[444]; pero en todos los casos la selección natural[445] garantizará[446] que no sean perjudiciales, pues si lo fuesen, la especie llegaría a extinguirse.[447]

As we see that those variations which, under domestication, appear at any particular period of life, tend to reappear in the offspring at the same period; for instance, in the shape, size and flavour of the seeds of the many varieties of our culinary and agricultural plants; in the caterpillar and cocoon stages of the varieties of the silkworm; in the eggs of poultry, and in

---

[435] Prosapódosis
[436] Prosopopeya
[437] Oxímoron
[438] Prosopopeya
[439] Prosopopeya y duplicación léxica
[440] Metalepsis y perífrasis.
[441] Prosopopeya
[442] Anáfora.
[443] Repetición en paralelismo, antítesis
[444] Perífrasis disimuladora
[445] Oxímoron
[446] Prosopopeya
[447] Licencia, paralelismo

the colour of the down of their chickens; in the horns of our sheep and cattle when nearly adult; so in a state of nature natural selection will be enabled to act on and modify organic beings at any age, by the accumulation of variations profitable at that age, and by their inheritance at a corresponding age. If it profit a plant to have its seeds more and more widely disseminated by the wind, I can see no greater difficulty in this being effected through natural selection, than in the cotton-planter increasing and improving by selection the down in the pods on his cotton-trees. Natural selection may modify and adapt the larva of an insect to a score of contingencies, wholly different from those which concern the mature insect; and these modifications may affect, through correlation, the structure of the adult. So, conversely, modifications in the adult may affect the structure of the larva; but in all cases natural selection will ensure that they shall not be injurious: for if they were so, the species would become extinct.

123. (305)

La selección natural[448] modificará[449] la estructura del hijo en relación con el padre, y la del padre en relación con el hijo[450]. En los animales sociales[451] adaptará[452] la estructura de cada individuo para beneficio de toda la comunidad, si ésta saca provecho[453] de la variación

---

[448] Oxímoron
[449] Prosopopeya
[450] Pleonasmo. Símploque
[451] Metalepsis
[452] Prosopopeya
[453] Prosopopeya: La comunidad saca provecho.

seleccionada[454]. Lo que no puede[455] hacer la selección natural[456] es modificar la estructura de una especie, sin darle alguna ventaja, para el bien de otra especie;[457] y, aunque pueden hallarse en los libros de Historia Natural manifestaciones en este sentido[458], yo no puedo hallar un solo caso que resista la comprobación. Una conformación utilizada sólo una vez en la vida de un animal, si es de suma importancia para él, pudo ser modificada[459] hasta cualquier extremo[460] por selección natural[461]; por ejemplo: las grandes mandíbulas que poseen ciertos insectos utilizadas exclusivamente para abrir el capullo, o la punta dura del pico de las aves antes de nacer, empleada para romper el huevo. Se ha afirmado[462] que, de las mejores palomas *tumbler* o volteadoras de pico corto, un gran número perecen en el huevo porque son incapaces de salir de él; de manera que los avicultores ayudan en el acto de la salida. Ahora bien: si la Naturaleza[463] hubiese de hacer cortísimo el pico del palomo adulto para ventaja de la misma ave[464], el proceso de modificación tendría que ser lentísimo, y habría simultáneamente, dentro del huevo, la selección más rigurosa[465] de todos los polluelos que tuviesen el

---

[454] Oxímoron: No hay variación seleccionada. No hay selección alguna.
[455] Prosopopeya
[456] Oxímoron
[457] Epífora
[458] Falacia ad hominem:¿ En qué libros se encuentra esto?
[459] Prosopopeya
[460] Congeries
[461] Oxímoron
[462] Perífrasis disimuladora y exemplum
[463] Antonomasia
[464] Prosopopeya
[465] Pleonasmo

pico más potente y duro,[466] pues todos los de pico blando perecerían inevitablemente[467], o bien podrían ser seleccionadas las cáscaras más delicadas y más fácilmente rompibles, [468] pues es sabido [469] que el grueso de la cáscara varía como cualquier otra estructura.

Natural selection will modify the structure of the young in relation to the parent and of the parent in relation to the young. In social animals it will adapt the structure of each individual for the benefit of the whole community; if the community profits by the selected change. What natural selection cannot do, is to modify the structure of one species, without giving it any advantage, for the good of another species; and though statements to this effect may be found in works of natural history, I cannot find one case which will bear investigation. A structure used only once in an animal's life, if of high importance to it, might be modified to any extent by natural selection; for instance, the great jaws possessed by certain insects, used exclusively for opening the cocoon—or the hard tip to the beak of unhatched birds, used for breaking the eggs. It has been asserted, that of the best short-beaked tumbler-pigeons a greater number perish in the egg than are able to get out of it; so that fanciers assist in the act of hatching. Now, if nature had to make the beak of a full-grown pigeon very short for the bird's own advantage, the process of modification would be very slow, and there would be simultaneously the most rigorous selection of

---

[466] Congeries (duplicación léxica).
[467] Pleonasmo
[468] Congeries
[469] Perífrasis

all the young birds within the egg, which had the most powerful and hardest beaks, for all with weak beaks would inevitably perish: or, more delicate and more easily broken shells might be selected, the thickness of the shell being known to vary like every other structure.

124. 306

Será conveniente[470] hacer observar aquí[471] que en todos los seres ha de haber mucha destrucción fortuita, que poca o ninguna influencia puede tener en el curso de la selección natural[472]; por ejemplo: un inmenso número de huevos y semillas son devorados anualmente, y éstos sólo podrían ser modificados por selección natural[473] si variasen de algún modo que los protegiese de sus enemigos. Sin embargo, muchos de estos huevos o semillas, si no hubiesen sido destruidos,[474] habrían producido quizá[475] individuos mejor adaptados a sus condiciones de vida que ninguno de los que tuvieron la suerte de sobrevivir[476]. También, además, un número inmenso de animales, y plantas adultos, sean o no los mejor adaptados a sus condiciones[477], tiene que ser destruido anualmente por causas accidentales que no serían mitigadas ni en lo más mínimo por ciertos cambios de estructura o

---

[470] Obsecratio
[471] Pleonasmo
[472] Oxímoron
[473] Oxímoron
[474] Exemplum
[475] Dubitatio y perífrasis
[476] Prosapódosis y pleonasmo
[477] Congeries

constitución [478] que serían, por otros conceptos, beneficiosos para la especie. [479] Pero, aunque la destrucción de los adultos sea tan considerable - siempre que el número que puede existir en un distrito no esté por completo limitado por esta causa-, o aunque la destrucción de huevos y semillas sea tan grande que sólo una centésima o una milésima[480] parte se desarrolle, sin embargo, de los individuos que sobrevivan, los mejor adaptados[481] -suponiendo que haya alguna variabilidad en sentido favorable-tenderán a propagar su clase en mayor número que los menos bien adaptados [482] . Si el número está completamente limitado por las causas que se acaban de indicar, como ocurrirá muchas veces, la selección natural [483] será impotente [484] para determinadas direcciones beneficiosas; pero esto no es una objeción válida contra su eficacia en otros tiempos y de otros modos[485], pues estamos lejos de tener alguna razón para suponer[486] que muchas especies experimenten continuamente modificaciones y perfeccionamiento al mismo tiempo y en la misma región[487].

It may be well here to remark that with all beings there must be much fortuitous destruction, which can have

---

[478] Congeries y pleonasmo
[479] Distributio
[480] Congeries
[481] Congeries: los que sobrevivan serán siempre los mejor adaptados. Y metalepsis
[482] Congeries y prosapódosis
[483] Oxímoron
[484] Oxímoron Prosopopeya Congeries
[485] Congeries
[486] Perífrasis
[487] Congeries

little or no influence on the course of natural selection. For instance, a vast number of eggs or seeds are annually devoured, and these could be modified through natural selection only if they varied in some manner which protected them from their enemies. Yet many of these eggs or seeds would perhaps, if not destroyed, have yielded individuals better adapted to their conditions of life than any of those which happened to survive. So again a vast number of mature animals and plants, whether or not they be the best adapted to their conditions, must be annually destroyed by accidental causes, which would not be in the least degree mitigated by certain changes of structure or constitution which would in other ways be beneficial to the species. But let the destruction of the adults be ever so heavy, if the number which can exist in any district be not wholly kept down by such causes—or again let the destruction of eggs or seeds be so great that only a hundredth or a thousandth part are developed—yet of those which do survive, the best adapted individuals, supposing that there is any variability in a favourable direction, will tend to propagate their kind in larger numbers than the less well adapted. If the numbers be wholly kept down by the causes just indicated, as will often have been the case, natural selection will be powerless in certain beneficial directions; but this is no valid objection to its efficiency at other times and in other ways; for we are far from having any reason to suppose that many species ever undergo modification and improvement at the same time in the same area.

Apéndice 3:

Texto completo del capítulo 4 de OSMNS, titulado La selección natural o la supervivencia de los más aptos, en el que se indican los dos tipos de texto que hemos designado como Tipo A (Blando; relatos acerca de la naturaleza) y Tipo B (Duro; repetición hasta la saciedad de consignas, clichés propios de una ideología: selección natural, lucha por la supervivencia, supervivencia de los más aptos.......).

En *cursiva* el tipo A: Ejemplos reales o ficticios y enseñanzas de Lamarck.

En **negrita**: Mejora Genética (Breeding), tópicos y figuras retóricas.

Subrayados: Cuestiones dudosas, disparates y vuelos de la imaginación.

Selección natural

La lucha por la existencia, brevemente discutida en el capítulo anterior, ¿cómo obrará en lo que se refiere a la variación? El principio de la selección, que hemos visto es tan potente en las manos del hombre, ¿puede tener aplicación en las condiciones naturales? Creo que hemos de ver que puede obrar muy eficazmente. Tengamos presente el sinnúmero de variaciones pequeñas y de diferencias individuales que aparecen en nuestras producciones domésticas, y en menor grado en las que están en condiciones naturales, así como también la fuerza de la tendencia hereditaria. **Verdaderamente puede decirse que, en**

domesticidad, todo el organismo se hace plástico en alguna medida. Pero la variabilidad que encontramos casi universalmente en nuestras producciones domésticas no está producida directamente por el hombre, según han hecho observar muy bien Hooker y Asa Gray; el hombre no puede crear variedades ni impedir su aparición; puede únicamente conservar y acumular aquellas que aparezcan. Involuntariamente, el hombre somete los seres vivientes a nuevas y cambiantes condiciones de vida, y sobreviene la variabilidad; pero cambios semejantes de condiciones pueden ocurrir, y ocurren, en la naturaleza. Tengamos también presente cuán infinitamente complejas y rigurosamente adaptadas son las relaciones de todos los seres orgánicos entre sí y con condiciones físicas de vida, y, en consecuencia, **qué infinitamente variadas diversidades de estructura serían útiles a cada ser en condiciones cambiantes de vida. Viendo que indudablemente se han presentado variaciones útiles al hombre, ¿puede, pues, parecer improbable el que, del mismo modo, para cada ser, en la grande y compleja batalla de la vida, tengan que presentarse otras variaciones útiles en el transcurso de muchas generaciones sucesivas? Si esto ocurre, ¿podemos dudar -recordando que nacen muchos más individuos de los que acaso pueden sobrevivir- que las individuos que tienen ventaja, por ligera que sea, sobre otros tendrían más probabilidades de sobrevivir y procrear su especie? Por el contrario, podemos estar seguros de que toda variación en el menor grado perjudicial tiene que ser rigurosamente destruida. A esta conservación de las diferencias y variaciones**

individualmente favorables y la destrucción de las que son perjudiciales la he llamado yo selección natural o supervivencia de los más adecuados. En las variaciones ni útiles ni perjudiciales no influiría la selección natural, y quedarían abandonadas como un elemento fluctuante, como vemos quizá en ciertas especies poliformas, o llegarían finalmente a fijarse a causa de la naturaleza del organismo y de la naturaleza de las condiciones del medio ambiente.

Varios autores han entendido mal o puesto reparos al término selección natural. Algunos hasta han imaginado que la selección natural produce la variabilidad, siendo así que implica solamente la conservación de las variedades que aparecen y son beneficiosas al ser en sus condiciones de vida. **Nadie pone reparos a los agricultores que hablan de los poderosos efectos de la selección del hombre, y en este caso las diferencias individuales dadas por la naturaleza, que el hombre elige con algún objeto, tienen necesariamente que existir antes.** Otros han opuesto que el término selección implica elección consciente en los animales que se modifican, y hasta ha sido argüido que, como las plantas no tienen voluntad, la selección natural no es aplicable a ellas. **En el sentido literal de la palabra, indudablemente, selección natural es una expresión falsa**; pero **¿quién pondrá nunca reparos a los químicos que hablan de las afinidades electivas de los diferentes elementos? Y, sin embargo, de un ácido no puede decirse rigurosamente que elige una base con la cual se combina de preferencia. Se ha dicho que yo hablo de la selección natural como de una potencia** activa o divinidad; pero ¿quién hace cargos a un autor que habla de la atracción de la gravedad como si regulase los movimientos de los planetas? Todos sabemos lo que se entiende e implican tales expresiones metafóricas, que son casi necesarias para la brevedad. Del mismo modo, además, es difícil evitar el personificar la palabra Naturaleza; **pero por Naturaleza quiero decir sólo la acción y el resultado totales de muchas leyes naturales, y por leyes, la sucesión de hechos, en cuanto son conocidos con seguridad por nosotros. Familiarizándose un poco, estas objeciones tan superficiales quedarán olvidadas.**

Comprenderemos mejor la marcha probable de la selección natural tomando el caso de un país que experimente algún ligero cambio físico, por ejemplo, de clima. Los números proporcionales de sus habitantes experimentarán casi inmediatamente un cambio, y algunas especies llegarán probablemente a extinguirse. De lo que hemos visto acerca del modo íntimo y complejo como están unidos entre sí los habitantes de cada país podemos sacar la conclusión de que cualquier cambio en las proporciones numéricas de algunas especies afectaría seriamente a los otros habitantes, independiente del cambio del clima mismo. Si el país estaba abierto en sus límites, inmigrarían seguramente formas nuevas, y esto perturbaría también gravemente las relaciones de algunos de los habitantes anteriores. **Recuérdese que se ha demostrado cuán poderosa es la influencia de un solo árbol o mamífero introducido**. *Pero en el caso de una isla o de un país parcialmente rodeado de barreras, en el cual no puedan entrar libremente formas nuevas y mejor* *adaptadas, tendríamos entonces lugares en la **economía de la naturaleza** que estarían con seguridad mejor ocupados si algunos de los primitivos habitantes se modificasen en algún modo; pues si el territorio hubiera estado abierto a la inmigración, estos mismos puestos hubiesen sido cogidos por los intrusos. En estos casos, modificaciones ligeras, que en modo alguno favorecen a los individuos de una especie, tenderían a conservarse, por adaptarlos mejor a las condiciones modificadas, **y la selección natural tendría campo libre para la labor de perfeccionamiento.***

Tenemos buen fundamento para creer, como se ha demostrado en el capítulo tercero, que los cambios en las condiciones de vida producen una tendencia a aumentar la variabilidad, y **en los casos precedentes las condiciones han cambiado, y esto sería evidentemente favorable a la selección natural,** por aportar mayores probabilidades de que aparezcan variaciones útiles. **Si no aparecen éstas, la selección natural no puede hacer nada.** No se debe olvidar nunca que en el término variaciones están incluidas simples diferencias individuales. **Así como el hombre puede producir un resultado grande en las plantas y animales domésticos sumando en una dirección dada diferencias individuales, también lo pudo hacer la selección natural, aunque con mucha más facilidad, por tener tiempo incomparablemente mayor para obrar.**

No es que yo crea que un gran cambio físico, de clima, por ejemplo, o algún grado extraordinario de aislamiento que impida la inmigración, es necesario para que tengan que quedar nuevos

puestos vacantes para que la selección natural los llene, perfeccionando algunos de los habitantes que varían; pues como todos los habitantes de cada región están luchando entre sí con fuerzas delicadamente equilibradas, modificaciones ligerísimas en la conformación o en las costumbres de una especie le habrán de dar muchas veces ventaja sobre otras, y aun nuevas modificaciones de la misma clase aumentarán con frecuencia todavía más la ventaja, mientras la especie continúe en las mismas condiciones de vida y saque provecho de medios parecidos de subsistencia y defensa. No puede citarse ningún país en el que todos los habitantes indígenas estén en la actualidad tan perfectamente adaptados entre sí y a las condiciones físicas en que viven que ninguno de ellos pueda estar todavía mejor adaptado o perfeccionado; pues en todos los países los habitantes indígenas han sido hasta tal punto conquistados por producciones naturalizadas, que han permitido a algunos extranjeros tomar posesión firme de la tierra. Y como los extranjeros han derrotado así en todos los países a algunos de los indígenas, podemos seguramente sacar la conclusión de que los indígenas podían haber sido modificados más ventajosamente, de modo que hubiesen resistido mejor a los invasores.

Si el hombre puede producir, y seguramente ha producido, resultados grandes con sus modos metódicos o inconscientes de selección, ¿qué no podrá efectuar la selección natural? El hombre puede obrar sólo sobre caracteres externos y visibles. La Naturaleza -si se me permite personificar la conservación o supervivencia

natural de los más adecuados- no atiende a nada
por las apariencias, excepto en la medida que son
útiles a los seres. Puede obrar sobre todos los
órganos internos, sobre todos los matices de
diferencia de constitución, sobre el mecanismo
entero de la vida. <u>El hombre selecciona solamente
para su propio bien; la Naturaleza lo hace sólo para
el bien del ser que tiene a su cuidado. La Naturaleza
hace funcionar plenamente todo carácter
seleccionado, como lo implica el hecho de su
selección.</u> El hombre retiene en un mismo país los
seres naturales de varios climas; raras veces
ejercita de modo peculiar y adecuado cada carácter
elegido; alimenta con la misma comida una paloma
de pico largo y una de pico corto; no ejercita de
algún modo especial un cuadrúpedo de lomo
alargado o uno de patas largas; somete al mismo
clima ovejas de lana corta y de lana larga; no
permite a los machos más vigorosos luchar por las
hembras; no destruye con rigidez todos los
individuos inferiores, sino que, en la medida en que
puede, protege todos sus productos en cada cambio
de estación; empieza con frecuencia su selección
por alguna forma semimonstruosa o, por lo menos,
por alguna modificación lo bastante saliente para
que atraiga la vista o para que le sea francamente
útil. En la Naturaleza, las más ligeras diferencias de
estructura o constitución pueden muy bien inclinar
la balanza, tan delicadamente equilibrada, en la
lucha por la existencia y ser así conservadas. ¡Qué
fugaces son los deseos y esfuerzos del hombre!
¡Qué breve su tiempo!, y, por consiguiente, ¡qué
pobres serán sus resultados, en comparación con
los acumulados en la Naturaleza durante períodos

geológicos enteros! ¿Podemos, pues, maravillarnos de que las producciones de la Naturaleza hayan de ser de condición mucho más real que las producciones del hombre; de que hayan de estar infinitamente mejor adaptadas a las más complejas condiciones de vida y de que hayan de llevar claramente el sello de una fabricación superior?

Metafóricamente puede decirse que la selección natural está buscando cada día y cada hora por todo el mundo las más ligeras variaciones; rechazando las que son malas; conservando y sumando todas las que son buenas; trabajando silenciosa e insensiblemente, cuandoquiera y dondequiera que se ofrece la oportunidad, por el perfeccionamiento de cada ser orgánico en relación con sus condiciones orgánicas e inorgánicas de vida. Nada vemos de estos cambios lentos y progresivos hasta que la mano del tiempo ha marcado el transcurso de las edades; y entonces, tan imperfecta es nuestra visión de las remotas edades geológicas, que vemos sólo que las formas orgánicas son ahora diferentes de lo que fueron en otro tiempo.

Para que en una especie se efectúe alguna modificación grande, una variedad ya formada tuvo que variar de nuevo -quizá después de un gran intervalo de tiempo-, o tuvo que presentar diferencias individuales de igual naturaleza que antes, y éstas tuvieron que ser de nuevo conservadas, y así, progresivamente, paso a paso. Viendo que diferencias individuales de la misma clase vuelven a presentarse siempre de nuevo, difícilmente puede considerarse esto como una suposición injustificada.

Pero el que sea cierta o no sólo podemos juzgarlo viendo hasta qué punto la hipótesis explica y concuerda con los fenómenos generales de la naturaleza. **Por otra parte, la creencia ordinaria de que la suma de variación posible es una cantidad estrictamente limitada es igualmente una simple suposición.**

Aun cuando la selección natural puede obrar solamente por el bien y para el bien de cada ser, sin embargo, caracteres y estructuras que estamos inclinados a considerar como de importancia insignificante pueden ser influidos por ella. *Cuando vemos verdes los insectos que comen hojas, y moteados de gris los que se alimentan de cortezas, blanco en invierno el Lagopus mutus o perdiz alpina, y del color de los brezos el Lagopus scoticus o perdiz de Escocia, hemos de creer que estos colores son de utilidad a estos insectos y aves para librarse de peligros.* <u>*Los Lagopus, si no fuesen destruídos en algún período de su vida, aumentarían hasta ser innumerables*</u>*; pero se sabe que sufren mucho por las aves de rapiña, y los halcones se dirigen a sus presas por el sentido de la vista, tanto, que en algunos sitios del continente se aconseja no conservar palomas blancas, por ser las más expuestas a destrucción.* Por consiguiente, **la selección natural pudo ser eficaz para dar el color conveniente a cada especie de Lagopus y en conservar este color justo y constante una vez adquirido**. No debemos creer que la destrucción accidental de un animal de un color particular haya de producir pequeño efecto; <u>hemos de recordar lo importante que es en un rebaño de ovejas blancas destruir todo cordero con la menor señal de negro.</u> *Hemos visto cómo el color de los cerdos que se alimentan de paint-root (Lachnanthes tinctoria)* *en Virginia determina el que hayan de morir o vivir. En las plantas, la vellosidad del fruto y el color de la carne son considerados por los botánicos como caracteres de importancia la más insignificante; sin embargo, sabemos por un excelente horticultor, Downing, que en los Estados Unidos las frutas de piel lisa son mucho más atacadas por un coleóptero, un Curculio, que las que tienen vello, y que las ciruelas moradas padecen mucho más cierta enfermedad que las ciruelas amarillas, mientras que otra enfermedad ataca a los melocotones de carne amarilla mucho más que a los que tienen la carne de otro color.* **Si con todos los auxilios del arte estas ligeras diferencias producen una gran diferencia al cultivar las distintas variedades, seguramente que, en estado natural, en el que los árboles tendrían que luchar con otros árboles y con una legión de enemigos, estas diferencias decidirían realmente el que hubiese de triunfar un fruto liso o pubescente, un fruto de carne amarilla o de carne morada.**

Al considerar las muchas diferencias pequeñas que existen entre especies -diferencias que, hasta donde nuestra ignorancia nos permite juzgar, parecen completamente insignificantes- no hemos de olvidar que el clima, comida etc. han producido indudablemente algún efecto directo. También es necesario tener presente que, debido a la ley de correlación, cuando una parte varía y las variaciones se acumulan por selección natural, sobrevendrán otras rnodificaciones, muchas veces de naturaleza la más inesperada.

Así como vemos que las variaciones que aparecen en domesticidad en un período determinado de la vida tienden a reaparecer en la descendencia en el mismo período -por ejemplo: las variaciones en la forma, tamaño y sabor de las semillas de las numerosas variedades de nuestras plantas culinarias y agrícolas, en los estados de oruga y crisálida de las variedades del gusano de seda, en los huevos de las aves de corral y en el color de la pelusa de sus polluelos, en las astas de los carneros y ganado vacuno cuando son casi adultos-, de igual modo, en la naturaleza, la selección natural podrá influir en los seres orgánicos y modificarlos en cualquier edad por la acumulación, en esta edad, de variaciones útiles, y por su herencia en la edad correspondiente. <u>Si es útil a una planta el que sus semillas sean diseminadas por el viento a distancia cada vez mayor, no puedo ver yo mayor dificultad en que esto se efectúe por selección natural que en que el cultivador de algodón aumente y mejore por selección los pelos lanosos en las cápsulas de sus algodoneros.</u> La selección natural puede modificar y adaptar la larva de un insecto a una porción de circunstancias completamente diferentes de las que conciernen al insecto adulto, y estas modificaciones pueden influir, por correlación, en la estructura del adulto. También, inversamente, modificaciones en el adulto pueden influir en la estructura de la larva; pero en todos los casos la selección natural garantizará que no sean perjudiciales, pues si lo fuesen, la especie llegaría a extinguirse.

La selección natural modificará la estructura del hijo en relación con el padre, y la del padre en relación con el hijo. En los animales sociales adaptará la estructura de cada individuo para beneficio de toda la comunidad, si ésta saca provecho de la variación seleccionada. Lo que no puede hacer la selección natural es modificar la estructura de una especie sin darle alguna ventaja para el bien de otra especie; y, aunque pueden hallarse en los libros de Historia Natural manifestaciones en este sentido, yo no puedo hallar un solo caso que resista la comprobación. *Una conformación utilizada sólo una vez en la vida de un animal, si es de suma importancia para él, pudo ser modificada hasta cualquier extremo por selección natural; por ejemplo: las grandes mandíbulas que poseen ciertos insectos utilizadas exclusivamente para abrir el capullo, o la punta dura del pico de las aves antes de nacer, empleada para romper el huevo. Se ha afirmado que, de las mejores palomas tumbler o volteadoras de pico corto, un gran número perecen en el huevo porque son incapaces de salir de él; de manera que los avicultores ayudan en el acto de la salida. Ahora bien: si la Naturaleza hubiese de hacer cortísimo el pico del palomo adulto para ventaja de la misma ave, el proceso de modificación tendría que ser lentísimo, y habría simultáneamente, dentro del huevo, la selección más rigurosa de todos los polluelos que tuviesen el pico más potente y duro, pues todos los de pico blando perecerían inevitablemente, o bien podrían ser seleccionadas las cáscaras más delicadas y más fácilmente rompibles, pues es sabido que el grueso de la cáscara varía como cualquier otra estructura.*

Será conveniente hacer observar aquí que en todos los seres ha de haber mucha destrucción fortuita, que poca o ninguna influencia puede tener en el curso de la selección natural; por ejemplo: un inmenso número de huevos y semillas son devorados anualmente, y éstos sólo podrían ser modificados por selección natural si variasen de algún modo que los protegiese de sus enemigos. Sin embargo, muchos de estos huevos o semillas, si no hubiesen sido destruidos, habrían producido quizá individuos mejor adaptados a sus condiciones de vida que ninguno de los que tuvieron la suerte de sobrevivir. También, además, un número inmenso de animales, y plantas adultos, sean o no los mejor adaptados a sus condiciones, tiene que ser destruido anualmente por causas accidentales que no serían mitigadas ni en lo más mínimo por ciertos cambios de estructura o constitución que serían, por otros conceptos, beneficiosos para la especie. Pero, aunque la destrucción de los adultos sea tan considerable -siempre que el número que puede existir en un distrito no esté por completo limitado por esta causa-, o aunque la destrucción de huevos y semillas sea tan grande que sólo una centésima o una milésima parte se desarrolle, sin embargo, <u>de los individuos que sobrevivan, los mejor adaptados -suponiendo que haya alguna variabilidad en sentido favorable- tenderán a propagar su clase en mayor número que los menos bien adaptados</u>. Si el número está completamente limitado por las causas que se acaban de indicar, como ocurrirá muchas veces, <u>la selección natural será impotente para determinadas direcciones beneficiosas; pero esto no es una objeción válida</u>

contra su eficacia en otros tiempos y de otros modos, pues estamos lejos de tener alguna razón para suponer que muchas especies experimenten continuamente modificaciones y perfeccionamiento al mismo tiempo y en la misma región.

Selección sexual

Puesto, que en domesticidad aparecen con frecuencia particularidades en un sexo que quedan hereditariamente unidas a este sexo, lo mismo sucederá, sin duda, en la naturaleza. De este modo se hace posible que los dos sexos se modifiquen, mediante selección natural, en relación con sus diferentes costumbres, como es muchas veces el caso, o que un sexo se modifique con relación al otro, como ocurre comúnmente. Esto me lleva a decir algunas palabras sobre lo que he llamado selección sexual. Esta forma de selección depende, no de una lucha por la existencia en relación con otros seres orgánicos o con condiciones externas, sino de una lucha entre los individuos de un sexo - generalmente, los machos- por la posesión del otro sexo. El resultado no es la muerte del competidor desafortunado, sino el que deja poca o ninguna descendencia. La selección sexual es, por lo tanto, menos rigurosa que la selección natural. Generalmente, los machos más vigorosos, los que están mejor adecuados a su situación en la naturaleza, dejarán más descendencia; pero en muchos casos la victoria depende no tanto del vigor natural como de la posesión de armas especiales limitadas al sexo masculino. Un ciervo sin cuernos, un gallo sin espolones, habrían de tener pocas probabilidades de dejar numerosa descendencia. La selección sexual, dejando siempre criar al vencedor, pudo, seguramente, dar valor indomable, longitud a los espolones, fuerza al ala para empujar la pata armada de espolón, casi del mismo modo que lo hace el brutal gallero mediante la cuidadosa selección de sus mejores gallos.

Hasta qué grado, en la escala de los seres naturales, desciende la ley del combate, no lo sé; se ha descrito que los cocodrilos riñen, rugen y giran alrededor -como los indios en una danza guerrera- por la posesión de las hembras. Se ha observado que los salmones machos riñen durante todo el día; los ciervos volantes machos, a veces llevan heridas de las enormes mandíbulas de los otros machos; el inimitable observador monsieur Fabre ha visto muchas veces los machos de ciertos insectos himenópteros riñendo por una hembra determinada que está posada al lado, espectador en apariencia indiferente de la lucha, la cual se retira después con el vencedor. La guerra es quizá más severa entre los machos de los animales polígamos, y parece que éstos están provistos muy frecuentemente de armas especiales. Los machos de los carnívoros están siempre bien armados, aun cuando a ellos y a otros pueden ser dados medios especiales de defensa mediante la selección natural, como la melena del león o la mandíbula ganchuda del salmón macho, pues tan importante puede ser para la victoria el escudo como la espada o la lanza.

Entre las aves, la **contienda** es muchas veces de carácter más pacífico. Todos los que se han ocupado de este asunto creen que entre los machos de muchas especies existe la **rivalidad** más grande por atraer cantando a las hembras. *El tordo rupestre de Guayana, las aves del paraíso y algunas otras se reúnen, y los machos, sucesivamente, despliegan con el más minucioso cuidado y exhiben de la mejor manera su esplendoroso plumaje; además ejecutan extraños movimientos ante las hembras, que, asistiendo como espectadores, escogen al fin el compañero más atractivo.*

Los que han prestado mucha atención a las aves cautivas saben perfectamente que éstas, con frecuencia, tienen preferencias y aversiones individuales; así, *sir R. Heron ha descrito cómo un pavo real manchado era sumamente atractivo para todas sus pavas.* No puedo entrar aquí en los detalles necesarios; pero **si el hombre puede en corto tiempo dar hermosura y porte elegante a sus gallinas bantam conforme a su standard o tipo de belleza, no se ve ninguna razón legítima para dudar de que las aves hembras, eligiendo durante miles de generaciones los machos más hermosos y melodiosos según sus tipos de belleza, puedan producir un efecto señalado. Algunas leyes muy conocidas respecto al plumaje de las aves machos y hembras en comparación del plumaje de los polluelos pueden explicarse, en parte, mediante la acción de la selección sexual sobre variaciones que se presentan en diferentes edades y se transmiten sólo a los machos, o a los dos sexos, en las edades correspondientes; pero no tengo aquí espacio para entrar en este asunto.**

Así es que, a mi parecer, cuando los machos y las hembras tienen las mismas costumbres generales, pero difieren en conformación, color o adorno, estas diferencias han sido producidas principalmente por selección sexual, es decir: mediante individuos machos que han tenido en generaciones sucesivas alguna ligera ventaja sobre otros machos, en sus armas, medios de defensa o encantos, que han transmitido a su descendencia masculina solamente. Sin embargo, no quisiera atribuir todas las diferencias sexuales a esta acción, pues en los animales domésticos vemos surgir en el sexo masculino y quedar ligadas a él particularidades que evidentemente no han sido acrecentadas mediante selección por el hombre. El mechón de filamentos en el pecho del pavo salvaje no puede tener ningún uso, y es dudoso que pueda ser ornamental a los ojos de la hembra; realmente, si el mechón hubiese aparecido en estado doméstico se le habría calificado de monstruosidad.

Ejemplos de la acción de la selección natural o de la supervivencia de los más adecuados

Para que quede más claro cómo obra, en mi opinión, la selección natural, suplicaré que se me permita dar uno o dos ejemplos imaginarios: *Tomemos el caso de un lobo que hace presa en diferentes animales, cogiendo a unos por astucia, a otros por fuerza y a otros por ligereza, y supongamos que la presa más ligera, un ciervo, por ejemplo, por algún cambio en el país, hubiese aumentado en número de individuos, o que otra presa hubiese disminuido durante la estación del año en que el lobo estuviese más duramente apurado por la comida. En estas circunstancias, los lobos más veloces y más ágiles tendrían las mayores probabilidades de sobrevivir y de ser así conservados o seleccionados, dado siempre que conservasen fuerza para dominar sus presas en esta o en otra época del año, cuando se viesen obligados a apresar otros animales.* **No alcanzo a ver que haya más motivo para dudar de que éste sería el resultado, que para dudar de que el hombre sea capaz de perfeccionar la ligereza de sus galgos por selección cuidadosa y metódica, o por aquella clase de selección inconsciente que resulta de que todo hombre procura conservar los mejores perros, sin idea alguna de modificar la casta.** *Puedo añadir que, según míster Pierce, existen dos variedades del lobo en los montes Catskill, en los Estados Unidos: una, de forma ligera, como de galgo, que persigue al ciervo, y la otra, más gruesa, con patas más cortas, que ataca con más frecuencia a los rebaños de los pastores.*

Habría que advertir que en el ejemplo anterior hablo de los individuos lobos más delgados, y no de que haya sido conservada una sola variación sumamente marcada. En ediciones anteriores de esta obra he hablado algunas veces como si esta última posibilidad hubiese ocurrido frecuentemente. **Veía la gran importancia de las diferencias individuales, y esto me condujo a discutir ampliamente los resultados de la selección inconsciente del hombre, que estriba en la conservación de todos los individuos más o menos valiosos y en la destrucción de los peores.** Veía también que la conservación en estado natural de una desviación accidental de estructura, tal como una monstruosidad, tenía que ser un acontecimiento raro, y que, si se conservaba al principio, se perdería generalmente por los cruzamientos ulteriores con individuos ordinarios. Sin embargo, hasta leer un estimable y autorizado artículo en la North British Review (1867) no aprecié lo raro que es el que se perpetúen las variaciones únicas, tanto si son poco marcadas como si lo son mucho. El autor toma el caso de una pareja de animales que produzca durante el transcurso de su vida doscientos descendientes, de los cuales, por diferentes causas de destrucción, sólo dos, por término medio, sobreviven para reproducir su especie. Esto es un cálculo más bien exagerado para los animales superiores; pero no, en modo alguno, para muchos de los organismos inferiores. Demuestra entonces el autor que si naciese un solo individuo que variase en algún modo que le diese dobles probabilidades de vida que a los otros individuos, las probabilidades de que sobreviviera serían todavía sumamente escasas. Suponiendo que éste sobreviva y críe, y que la mitad de sus crías hereden la variación favorable, todavía, según sigue exponiendo el autor las crías tendrían una probabilidad tan sólo ligeramente mayor de sobrevivir y criar, y esta probabilidad iría decreciendo en las generaciones sucesivas. Lo justo de estas observaciones no puede, creo yo, ser discutido. Por ejemplo: si un ave de alguna especie pudiese procurarse el alimento con mayor facilidad por tener el pico curvo, y si naciese un individuo con el pico sumamente curvo y que a consecuencia de ello prosperase, habría, sin embargo, poquísimas probabilidades de que este solo individuo perpetuase la variedad hasta la exclusión de la forma común; pero, juzgando por lo que vemos que ocurre en estado doméstico, apenas puede dudarse que se seguiría este resultado de la conservación, durante muchas generaciones, de un gran número de individuos de pico más o menos marcadamente curvo, y de la destrucción de un número todavía mayor de individuos de pico muy recto.

Sin embargo, no habría que dejar pasar inadvertido que ciertas variaciones bastante marcadas, que nadie clasificaría como simples diferencias individuales, se repiten con frecuencia debido a que organismos semejantes experimentan influencias semejantes, hecho del que podrían citarse numerosos ejemplos en nuestras producciones domésticas. En tales casos, si el individuo que varía no transmitió positivamente a sus descendientes el carácter recién adquirido, indudablemente les transmitiría -mientras las condiciones existentes permaneciesen iguales- una tendencia aún más enérgica a variar del mismo modo. También apenas puede caber duda de que la tendencia a variar del mismo modo ha sido a veces tan enérgica, que se han modificado de un modo semejante, sin ayuda de ninguna forma de selección, todos los individuos de la misma especie, o puede haber sido modificada así sólo una tercera parte o una décima parte de los individuos; hecho del que podrían citarse diferentes ejemplos. Así, *Graba calcula que una quinta parte aproximadamente de los aranes de las islas Feroé son de una variedad tan señalada, que antes era clasificada como una especie distinta, con el nombre de Uria lacrymans.* **En casos de esta clase, si la variación fuese de naturaleza ventajosa, la forma primitiva sería pronto suplantada por la forma modificada, a causa de la supervivencia de los más adecuados.**

He de insistir sobre los efectos del cruzamiento en la eliminación de variaciones de todas clases; pero puede hacerse observar aquí que la mayor parte de los animales y plantas se mantienen en sus propios países y no van de un país a otro innecesariamente; vemos esto hasta en las aves migratorias, que casi siempre vuelven al mismo sitio. Por consiguiente, <u>toda variedad recién formada tendría que ser generalmente local al principio</u>, como parece ser la regla ordinaria en las variedades en estado natural; de manera que pronto existirían reunidos en un pequeño grupo individuos modificados de un modo semejante, y con frecuencia criarían juntos. **Si la nueva variedad era afortunada en su lucha por la vida, lentamente se propagaría desde una región central, compitiendo con los individuos no modificados y venciéndolos en los bordes de un círculo siempre creciente.**

Valdría la pena de dar otro ejemplo más complejo de la acción de la selección natural. *Ciertas plantas segregan un jugo dulce, al parecer, con objeto de eliminar algo nocivo de su savia; esto se efectúa, por ejemplo, por glándulas de la base de las estípulas de algunas leguminosas y del envés de las hojas del laurel común. Este jugo, aunque poco en cantidad, es codiciosamente buscado por insectos; pero sus visitas no benefician en modo alguno a la planta. Ahora bien: supongamos que el jugo o néctar fue segregado por el interior de las flores de un cierto número de plantas de una especie; los insectos, al buscar el néctar, quedarían empolvados de polen, y con frecuencia lo transportarían de una flor a otra; las flores de dos individuos distintos de la misma especie quedarían así cruzadas, y el hecho del cruzamiento, como puede probarse plenamente,* *origina plantas vigorosas, que, por consiguiente, tendrán las mayores probabilidades de florecer y sobrevivir. Las plantas que produjesen flores con las glándulas y nectarios mayores y que segregasen más néctar serían las visitadas con mayor frecuencia por insectos y las más frecuentemente cruzadas; y, de este modo, a la larga, adquirirían ventaja y formarían una variedad local. Del mismo modo, las flores que, en relación con el tamaño y costumbres del insecto determinado que las visitase, tuviesen sus estambres y pistilos colocados de modo que facilitase en cierto grado el transporte del polen, serían también favorecidas. Pudimos haber tomado el caso de insectos que visitan flores con objeto de recoger el polen, en vez de néctar; y, como el polen está formado con el único fin de la fecundación, su destrucción parece ser una simple pérdida para la planta; sin embargo, el que un poco de polen fuese llevado de una flor a otra, primero accidentalmente y luego habitualmente, por los insectos comedores de polen, efectuándose de este modo un cruzamiento, aun cuando nueve décimas partes del polen fuesen destruidas, podría ser todavía un gran beneficio para la planta el ser robada de este modo, y* **los individuos que produjesen más y más polen y tuviesen mayores anteras serían seleccionados.**

Cuando nuestra planta, mediante el proceso anterior, continuado por mucho tiempo, se hubiese vuelto -sin intención de su parte- sumamente atractiva para los insectos, llevarían éstos regularmente el polen de flor en flor; y que esto hacen positivamente, podría demostrarlo fácilmente por muchos hechos sorprendentes. Daré sólo uno que sirve además de ejemplo de un paso en la separación de los sexos de las plantas. *Unos acebos llevan solamente flores masculinas que tienen cuatro estambres, que producen una cantidad algo pequeña de polen, y un pistilo rudimentario; otros acebos llevan sólo flores femeninas; éstas tienen un pistilo completamente desarrollado y cuatro estambres con anteras arrugadas, en las cuales no se puede encontrar ni un grano de polen. Habiendo hallado un acebo hembra exactamente a sesenta yardas de un acebo macho, puse al microscopio los estigmas de veinte flores, tomadas de diferentes ramas, y en todas, sin excepción, había unos cuantos granos de polen, y en algunos una profusión. Como el viento había soplado durante varios días del acebo hembra al acebo macho, el polen no pudo ser llevado por este medio. El tiempo había sido frío y borrascoso, y, por consiguiente, desfavorable a las abejas, y, sin embargo, todas las flores femeninas que examiné habían sido positivamente fecundadas por las abejas que habían volado de un acebo a otro en busca de néctar.* Pero, volviendo a nuestro caso imaginario, tan pronto como la planta se hubiese vuelto tan atractiva para los insectos que el polen fuese llevado regularmente de flor en flor, pudo comenzar otro proceso. Ningún naturalista duda de lo que se ha llamado división fisiológica del trabajo; por consiguiente, podemos creer que sería **ventajoso para una planta** el producir estambres solos en una flor o en toda una planta, y pistilos solos en otra flor o en otra planta. En plantas cultivadas o colocadas en nuevas condiciones de vida, los órganos masculinos, unas veces, y los femeninos otras, se vuelven más o menos importantes; ahora bien: si suponemos que esto ocurre, aunque sea en grado pequeñísimo, en la naturaleza, entonces, como el polen es llevado ya regularmente de flor en flor, y **como una separación completa de los sexos de nuestra planta sería ventajosa por el** principio de la división del trabajo, los individuos con esta tendencia, aumentando cada vez más, serían continuamente favorecidos o seleccionados, hasta que al fin pudiese quedar efectuada una separación completa de los sexos. Llenaría demasiado espacio mostrar los diversos grados - pasando por el dimorfismo y otros medios- por los que la separación de los sexos, en plantas de varias clases, se está efectuando evidentemente en la actualidad. Pero puedo añadir que *algunas de las especies de acebo de América del Norte están, según Asa Gray, en un estado exactamente intermedio o, según él se expresa, con más o menos dioicamente polígamas.*

Volvamos ahora a los insectos que se alimentan de néctar; **podemos suponer que la planta en que hemos hecho aumentar el néctar por selección continuada sea una planta común**, y que ciertos insectos dependan principalmente de su néctar para alimentarse. Podría citar muchos hechos que demuestran lo codiciosos que son los himenópteros por ahorrar tiempo; por ejemplo: *su costumbre de hacer agujeros y chupar el néctar en la base de ciertas flores, en las cuales, con muy poco de molestia más, pueden entrar por la garganta.* Teniendo presentes estos hechos, puede creerse que, en ciertas circunstancias, diferencias individuales en la curvatura o longitud de la lengua, etcétera, demasiado ligeras para ser apreciadas por nosotros, podrían aprovechar a una abeja u otro insecto de modo que ciertos individuos fuesen capaces de obtener su alimento más rápidamente que otros; y así, las comunidades a que ellos perteneciesen prosperarían y darían muchos enjambres que heredarían las mismas cualidades.

El tubo de la corola del trébol rojo común y del trébol encarnado (Trifolium pratense y T. incarnatum) no parecen a primera vista diferir en longitud; sin embargo, la abeja común puede fácilmente chupar el néctar del trébol encarnado, pero no el del trébol rojo, que es visitado sólo por los abejorros; de modo que campos enteros de trébol rojo ofrecen en vano una abundante provisión de precioso néctar a la abeja común. Que este néctar gusta mucho a la abeja común es seguro, pues yo he visto repetidas veces -pero sólo en otoño- muchas abejas comunes chupando las flores por los agujeros hechos por los abejorros mordiendo en la base del tubo. La diferencia de la longitud de la corola en las dos especies de trébol, que determina las visitas da la abeja común, tiene que ser muy insignificante, pues se me ha asegurado que cuando el trébol rojo ha sido segado, las flores de la segunda cosecha son algo menores y que éstas son muy visitadas por la abeja común. Yo no sé si este dato es exacto, ni si puede darse crédito a otro dato publicado, o sea que la abeja de Liguria, que es considerada generalmente como una simple variedad de la abeja común ordinaria, y que espontáneamente se cruza con ella, es capaz de alcanzar y chupar el néctar del trébol rojo. Así, en un país donde abunda esta clase de trébol puede ser una gran ventaja para la abeja común el tener la lengua un poco más larga o diferentemente constituida. Por otra parte, como la fecundidad de este trébol depende en absoluto de los himenópteros que visitan las flores, si los abejorros llegasen a ser raros en algún país, podría ser una gran ventaja para la planta el tener una corola más corta o más profundamente dividida, de suerte que la abeja común pudiese chupar sus flores. Así puedo comprender yo cómo una flor y una abeja pudieron lentamente -ya simultáneamente, ya una después de otra- modificarse y adaptarse entre sí del modo más perfecto mediante la conservación continuada de todos los individuos que presentaban ligeras variaciones de conformación mutuamente favorables.

Bien sé que esta <u>doctrina</u> de la selección natural, <u>de la que son ejemplo los casos imaginarios anteriores</u>, está expuesta a las mismas objeciones que se suscitaron al principio contra las elevadas teorías de sir Charles Lyell acerca de los cambios modernos de la tierra como explicaciones de la geología; pero hoy pocas veces oímos ya hablar de los agentes que vemos todavía en actividad como de causas inútiles o insignificantes, cuando se emplean para explicar la excavación de los valles más profundos o la formación de largas líneas de acantilados en el interior de un país.

La selección natural obra solamente mediante la conservación y acumulación de pequeñas modificaciones heredadas, provechosas todas al ser conservado; y así como la geología moderna casi ha desterrado opiniones tales como la excavación de un gran valle por una sola honda diluvial, de igual modo la selección natural desterrará la creencia de la creación continua de nuevos seres orgánicos o de cualquier modificación grande y súbita en su estructura.

Sobre el cruzamiento de los individuos

Intercalaré aquí una breve digresión. <u>En el caso de animales y plantas con sexos separados es, por supuesto, evidente que para criar tienen siempre que</u>

unirse dos individuos, excepto en los casos curiosos y no bien conocidos de partenogénesis; pero en los hermafroditas esto dista mucho de ser evidente. Sin embargo, *hay razones para creer que en todos los seres hermafroditas concurren, accidental o habitualmente, dos individuos para la reproducción de su especie. Esta idea fue hace mucho tiempo sugerida, con duda, por Sprengel, Knight y Kölreuter.* Ahora veremos su importancia; pero tendré que tratar aquí el asunto con suma brevedad, a pesar de que tengo preparados los materiales para una amplia discusión.

Todos los vertebrados, todos los insectos y algunos otros grandes grupos de animales se aparean para cada vez que se reproducen. *Las investigaciones modernas han hecho disminuir mucho el número de hermafroditas, y un gran número de los hermafroditas verdaderos se aparean, o sea: dos individuos se unen normalmente para la reproducción, que es lo que nos interesa.* Pero, a pesar de esto, hay muchos animales hermafroditas que positivamente no se aparean habitualmente, y una gran mayoría de plantas son hermafroditas. Puede preguntarse ¿qué razón existe para suponer que en aquellos casos concurren siempre dos individuos en la reproducción?

En primer lugar, he reunido un cúmulo tan grande de casos, y he hecho tantos experimentos que demuestran, de conformidad con la creencia casi universal de los criadores, que en los animales y plantas el cruzamiento entre variedades distintas, o entre individuos de la misma variedad, pero de otra estirpe, da vigor y fecundidad a la descendencia, y, por el contrario, que la cría entre

parientes próximos disminuye el vigor y fecundidad, que estos hechos, por sí solos, me inclinan a creer que es una ley general de la naturaleza el que ningún ser orgánico se fecunde a sí mismo durante un número infinito de generaciones, y que, de vez en cuando, quizá con largos de tiempo, es indispensable un cruzamiento con otro individuo.

Admitiendo que esto es una ley de la naturaleza, podremos, creo yo, explicar varias clases de hechos muy numerosos, como los siguientes, que inexplicables desde cualquier otro punto de vista. **Todo horticultor que se ocupa de cruzamientos sabe lo desfavorable que es para la fecundación de una flor el que esté expuesta a mojarse, y, sin embargo, ¡qué multitud de flores tienen sus anteras y estigmas completamente expuestos a la intemperie! Pero si es indispensable de vez en cuando algún cruzamiento, aun a pesar de que las anteras y pistilos de la propia planta están tan próximos que casi aseguran la autofecundación o fecundación por sí misma, la completa libertad para la entrada de polen de otros individuos explicará lo que se acaba de decir sobre la exposición de los órganos.** *Muchas flores, por el contrario, tienen sus órganos de fructificación completamente encerrados, como ocurre en la gran familia de las papilionáceas, o familia de los guisantes; pero estas flores presentan casi siempre bellas y curiosas adaptaciones a las visitas de los insectos. Tan necesarias son las visitas de los himenópteros para muchas flores papilionáceas, que su fecundidad disminuye mucho si se impiden estas visitas. Ahora bien: apenas es posible a los insectos que van de flor en flor dejar de llevar polen de una a otra, con gran beneficio* *para la planta. Los insectos obran como un pincel de acuarela, y para asegurar la fecundación es suficiente tocar nada más con el mismo pincel las anteras de una flor y luego el estigma de otra; pero no hay que suponer que los himenópteros produzcan de este modo una multitud de híbridos* entre distintas especies, pues si se colocan en el mismo estigma el propio polen de una planta y el de otra especie, el primero es tan **prepotente**, que, invariablemente, **destruye** por completo la influencia del polen extraño, según ha sido demostrado por Gärtner.

Cuando los estambres de una flor se lanzan súbitamente hacia el pistilo o se mueven lentamente, uno tras otro, hacia él, el artificio parece adaptado exclusivamente para asegurar la autofecundación, y es indudablemente útil para este fin; pero muchas veces se requiere la acción de los insectos para hacer que los estambres se echen hacia delante, como Kölreuter ha demostrado que ocurre en el agracejo; y en este mismo género, que parece tener una disposición especial para la autofecundación, es bien sabido que si se plantan unas cerca de otras formas o variedades muy próximas, es casi imposible obtener semillas que den plantas puras: tanto se cruzan naturalmente.

En otros numerosos casos, lejos de estar favorecida la autofecundación, hay disposiciones especiales que impiden eficazmente que el estigma reciba polen de la misma flor, como podría demostrar por las obras de Sprengel y otros autores, lo mismo que por mis propias observaciones: en Lobelia fulgens, por ejemplo, hay un mecanismo verdaderamente primoroso y acabado, mediante el cual los granos de polen, infinitamente numerosos, son barridos de las anteras reunidas de cada flor antes de que el estigma de ella esté dispuesto para recibirlos; y como esta flor nunca es visitada -por lo menos, en mi jardín- por los insectos, nunca produce semilla alguna, a pesar de que colocando polen de una flor sobre el estigma de otra obtengo multitud de semillas. Otra especie de Lobelia, que es visitada por abejas, produce semillas espontáneamente en mi jardín.

En muchísimos otros casos, aun cuando no existe ninguna disposición mecánica para impedir que el estigma reciba polen de la misma flor, sin embargo, como han demostrado Sprengel, y más recientemente Hieldebrand y otros, y como puedo yo confirmar, o bien las anteras estallan antes de que el estigma esté dispuesto para la fecundación, o bien el estigma lo está antes de que lo esté el polen de la flor; de modo que estas plantas, llamadas dicógamas, tienen de hecho sexos separados y necesitan habitualmente cruzarse. Lo mismo ocurre con las plantas recíprocamente dimorfas y trimorfas, a que anteriormente se ha aludido. **¡Qué extraños son estos hechos! ¡Qué extraño que él polen y la superficie estigmática de una misma flor, a pesar de estar situados tan cerca, como precisamente con objeto de favorecer la autofecundación, hayan de ser en tantos casos mutuamente inútiles! ¡Qué sencillamente se explican estos hechos en la hipótesis de que un cruzamiento accidental con un individuo distinto sea ventajoso, o indispensable!**

Si a diferentes variedades de la col, rábano, cebolla y algunas otras plantas se les deja dar semillas unas junto a otras, una gran mayoría de las plantitas así obtenidas *resultarán mestizas, según he comprobado; por ejemplo: obtuve 233 plantitas de col de algunas plantas de diferentes variedades que habían crecido unas junto a otras, y de ellas solamente 78 fueron de raza pura, y aun algunas de éstas no lo fueron del todo. Y, sin embargo, el pistilo de cada flor de col está rodeado no sólo por sus seis estambres propios, sino también por los de otras muchas flores de la misma planta, y el polen de cada flor se deposita fácilmente encima de su propio estigma sin la mediación de los insectos, pues he comprobado que plantas cuidadosamente protegidas contra los insectos producen el número correspondiente de frutos. ¿Cómo sucede, pues, que un número tan grande de plantitas son mestizas? Esto tiene que provenir de que el polen de una variedad distinta tenga un efecto predominante sobre el propio polen de la flor, y esto es una parte de la ley general del resultado ventajoso de los cruzamientos entre distintos individuos de la misma especie. Cuando se cruzan especies distintas, el caso se invierte, pues el polen propio de una planta es casi siempre predominante sobre el polen extraño; pero acerca de este asunto hemos de insistir en otro capítulo.*

En el caso de un árbol grande cubierto de innumerables flores, se puede hacer la objeción de que el polen raras veces pudo ser llevado de un árbol a otro, y generalmente sólo de una flor a otra del mismo árbol, y las flores del mismo árbol sólo en un sentido limitado pueden considerarse como individuos distintos. Creo que esta objeción es válida, pero creo también que la naturaleza lo ha precavido ampliamente dando a los árboles una marcada tendencia a llevar flores de sexos separados. Cuando los sexos están separados, aunque las flores masculinas y femeninas puedan ser producidas en el mismo árbol, el polen tiene que ser llevado regularmente de una flor a otra, y esto aumentará las probabilidades de que el polen sea de vez en cuando llevado de un árbol a otro. Observo que en nuestro país ocurre el que los árboles pertenecientes a todos los órdenes tienen los sexos separados con más frecuencia que las otras plantas, y, a petición mía, el doctor Hooker hizo una estadística de los árboles de Nueva Zelanda, y el doctor Asa Gray otra de los árboles de los Estados Unidos, y el resultado fue como yo había previsto. Por el contrario, Hooker me informa de que la regla no se confirma en Australia; pero si la mayor parte de los árboles australianos son dicógamos, tiene que producirse el mismo resultado que si llevasen flores con los sexos separados. He hecho estas pocas observaciones sobre los árboles simplemente para llamar la atención hacia el asunto.

Volviendo por un momento a los animales: diferentes especies terrestres son hermafroditas, como los moluscos terrestres y las lombrices de tierra; pero todos ellos se aparean. Hasta ahora no he encontrado un solo animal terrestre que pueda fecundarse a sí mismo. Este hecho notable, que ofrece tan vigoroso contraste con las plantas terrestres, es inteligible dentro de la hipótesis de que es indispensable de vez en cuando un cruzamiento, pues, debido a la naturaleza del elemento fecundante, no hay en este caso medios análogos a la acción de los insectos y del viento en las plantas por los cuales pueda efectuarse en los animales terrestres un cruzamiento accidental sin el concurso de dos individuos. De los animales acuáticos hay muchos hermafroditas que se fecundan a sí mismos; pero aquí las corrientes de agua ofrecen un medio manifiesto para el cruzamiento accidental. Como en el caso de las flores, hasta ahora no he conseguido -después de consultar con una de las más altas autoridades, el profesor Huxley- descubrir un solo animal hermafrodita con los órganos de reproducción tan perfectamente encerrados que pueda demostrarse que es físicamente imposible el acceso desde fuera y la influencia accidental de un individuo distinto. Los cirrípedos me parecieron durante mucho tiempo constituir, desde este punto de vista, un caso dificilísimo; pero, por una feliz casualidad, me ha sido posible probar que dos individuos -aun cuando ambos son hermafroditas capaces de fecundarse a sí mismos- se cruzan positivamente algunas veces.

Tiene que haber llamado la atención de la mayor parte de los naturalistas, como una anomalía extraña, el que, tanto en los animales como en las plantas, unas especies de la misma familia, y hasta del mismo género, sean hermafroditas y otras unisexuales, a pesar de asemejarse mucho entre sí en toda su organización. Pero si de hecho todos los hermafroditas se cruzan de vez en cuando, la diferencia entre ellos y las especies unisexuales es pequeñísima por lo que se refiere a la función.

De estas varias consideraciones y de muchos hechos especiales que he reunido, pero que no puedo dar aquí, resulta que, <u>en los animales y plantas, el cruzamiento accidental entre individuos distintos es una ley muy general -si no es universal- de la naturaleza.</u>

Circunstancias favorables o la producción de nuevas formas por selección natural.

Es éste un asunto sumamente complicado. Una gran variabilidad -y en esta denominación se incluyen siempre las diferencias individuales- será evidentemente favorable. **Un gran número de individuos, por aumentar las probabilidades de la aparición de variedades ventajosas en un período dado, compensará una variabilidad menor en cada individuo, y, es, a mí parecer, un elemento importantísimo de éxito. Aunque la Naturaleza concede largos períodos de tiempo para la obra de la selección natural, no concede un período indefinido; pues como todos los seres orgánicos se esfuerzan por ocupar todos los puestos en la economía de la naturaleza, cualquier especie que no se modifique y perfeccione en el grado correspondiente con relación a sus competidores será exterminada. Si las variaciones favorables no son heredadas, por lo menos, por algunos de los descendientes, nada puede hacer la selección natural. La tendencia a la reversión puede muchas veces dificultar o impedir la labor; pero no habiendo esta tendencia impedido al hombre formar por selección numerosas razas domésticas, ¿por qué habrá de prevalecer contra la selección natural?**

En el caso de la selección metódica, un criador selecciona con un objeto definido, y si a los individuos se les deja cruzarse libremente, su obra fracasará por completo. Pero cuando muchos hombres, sin intentar modificar la raza, tienen un standard o tipo de perfección próximamente igual y todos tratan de procurarse los mejores animales y obtener crías de ellos, segura, aunque lentamente,

resultará mejora de este proceso inconsciente de selección, a pesar de que en este caso no hay separación de individuos elegidos. Así ocurrirá en la naturaleza; *pues dentro de una región limitada, con algún puesto en la economía natural no bien ocupado, todos los individuos que varíen en la dirección debida, aunque en grados diferentes, tenderán a conservarse. Pero, si la región es grande, sus diferentes distritos presentarán casi con seguridad condiciones diferentes de vida, y entonces, si la misma especie sufre modificación en distintas distritos, las variedades recién formadas se cruzarán entre sí en los límites de ellos. Pero veremos en el capítulo VI que las variedades intermedias, que habitan en distritos intermedios serán, a la larga, generalmente, suplantadas por alguna de las variedades que viven contiguas. El cruzamiento influirá principalmente en aquellos animales que se unen para cada cría, que van mucho de unos sitios a otros y que no crían de un modo muy rápido. De aquí que en animales de esta clase -por ejemplo, aves- las variedades estarán en general confinadas en países separados, y encuentro que así ocurre. En los organismos hermafroditas que se cruzan sólo de vez en cuando, y también en los animales que se unen para cada cría, pero que vagan poco y pueden aumentar de un modo rápido, una variedad nueva y mejorada puede formarse rápidamente en cualquier sitio, y puede mantenerse formando un grupo, y extenderse después, de modo que los individuos de la nueva variedad tendrán que cruzarse principalmente entre sí.* Según este principio, los horticultores prefieren guardar semillas procedentes de una gran plantación, porque las probabilidades de cruzamiento disminuyen de este modo.

Aun en los animales que se unen para cada cría y que no se propagan rápidamente, no hemos de admitir que el cruzamiento libre haya de eliminar siempre los efectos de la selección natural, pues puedo presentar una serie considerable de hechos que demuestran que, en un mismo territorio, dos variedades del mismo animal pueden permanecer distintas mucho tiempo por frecuentar sitios diferentes, por criar en épocas algo diferentes o porque los individuos de cada variedad prefieran unirse entre sí.

El cruzamiento representa en la naturaleza un papel importantísimo conservando en los individuos de la misma especie o de la misma variedad el carácter puro y uniforme. Evidentemente, el cruzamiento obrará así con mucha más eficacia en los animales que se unen para cada cría; pero, como ya se ha dicho, tenemos motivos para creer que en todos los animales y plantas ocurren cruzamientos accidentales. Aun cuando éstos tengan lugar sólo tras largos intervalos de tiempo, las crías producidas de este modo aventajarán tanto en vigor y fecundidad a los descendientes procedentes de la autofecundación continuada durante mucho tiempo, que tendrán más probabilidades de sobrevivir y propagar su especie y variedad, y así, a la larga, la influencia de los cruzamientos, aun ocurriendo de tarde en tarde, será grande.

Respecto a los seres orgánicos muy inferiores en la escala, que no se propagan sexualmente ni se conjugan, y que no pueden cruzarse, si continúan en las mismas condiciones de vida pueden conservar la uniformidad de caracteres sólo por el principio de la herencia y por la selección natural,

que destruirá todo individuo que se aparte del tipo propio. **Si las condiciones de vida cambian y la forma experimenta modificación, la descendencia modificada puede adquirir la uniformidad de caracteres simplemente conservando la selección natural variaciones favorables análogas.**

El aislamiento también es un elemento importante en la modificación de las especies por selección natural. En un territorio cerrado o aislado, si no es muy grande, las condiciones orgánicas e inorgánicas de vida serán generalmente casi uniformes, de modo **que la selección natural tenderá a modificar de igual modo todos los individuos que varíen de la misma especie. Además, el cruzamiento con los habitantes de los distritos vecinos estará en este caso evitado.** Moritz Wagner, recientemente, ha publicado un interesante ensayo sobre este asunto y ha demostrado que el servicio que presta el aislamiento al evitar cruzamientos entre variedades recién formadas es probablemente aún mayor de lo que yo supuse; pero, por razones ya expuestas, no puedo, en modo alguno, estar conforme con este naturalista en que la migración y el aislamiento sean elementos necesarios para la formación de especies nuevas. La importancia del aislamiento es igualmente grande al impedir, después de algún cambio físico en las condiciones -como un cambio de clima, de elevación del suelo, etc.-, la inmigración de organismos mejor adaptados, y de este modo quedarán vacantes nuevos puestos en la economía natural del distrito para ser llenados mediante modificaciones de los antiguos habitantes. Finalmente, el aislamiento dará tiempo para que se perfeccione lentamente una nueva variedad, y esto, a veces, puede ser de mucha importancia. **Sin embargo, si un territorio aislado es muy pequeño, ya por estar rodeado de barreras, ya porque tenga condiciones físicas muy peculiares, el número total de los habitantes será pequeño, y esto retardará la producción de nuevas especies mediante selección natural, por disminuir las probabilidades de que aparezcan variaciones favorables.**

El simple transcurso del tiempo, por sí mismo, no hace nada en favor ni en contra de la selección natural. Digo esto porque se ha afirmado erróneamente que he dado por sentado que el elemento tiempo representa un papel importantísimo en modificar las especies, como si todas las formas de vida estuviesen necesariamente experimentando cambios por alguna ley innata. El transcurso del tiempo es sólo importante -y su importancia en este concepto es grande- en cuanto que da mayores probabilidades de que aparezcan variaciones ventajosas y de que sean seleccionadas, acumuladas y fijadas. El transcurso del tiempo contribuye también a aumentar la acción directa de las condiciones físicas de vida en relación con la constitución de cada organismo.

Si nos dirigimos a la naturaleza para comprobar la verdad de estas afirmaciones y consideramos algún pequeño territorio aislado, como una isla oceánica, aunque el número de especies que lo habitan sea muy pequeño, como veremos en nuestro capítulo sobre distribución geográfica, sin embargo, un tanto por ciento grandísimo de estas especies es peculiar, esto es, se ha producido allí, y en ninguna otra parte del mundo. De aquí el que las islas oceánicas, a primera vista, parecen haber sido sumamente favorables para la producción de especies nuevas; pero podemos engañarnos, pues para decidir si ha sido más favorable para la producción de nuevas formas orgánicas un pequeño territorio aislado o un gran territorio abierto, como un continente, tenemos que hacer la comparación en igualdad de tiempo, y esto no podemos hacerlo.

Aunque el aislamiento es de gran importancia en la producción de especies nuevas, en general me inclino a creer que la extensión del territorio es todavía más importante, especialmente para producción de especies que resulten capaces de subsistir durante un largo período y de extenderse a gran distancia. En un territorio grande y abierto no sólo habrá más probabilidades de que surjan variaciones favorables de entre el gran número de individuos de la misma especie que lo habitan, sino que también las condiciones de vida son mucho más complejas, a causa del gran número de especies ya existentes; y si alguna de estas muchas especies **se modifica y perfecciona, otras tendrán que perfeccionarse en la medida correspondiente, o serán exterminadas**. Cada forma nueva, además, tan pronto como se haya perfeccionado mucho, será capaz de extenderse por el territorio abierto y continuo, y de este modo entrará en competencia con otras muchas formas. Además, grandes territorios actualmente continuos, en muchos casos debido a oscilaciones anteriores de nivel, habrán existido antes en estado fraccionado; de modo que generalmente habrán concurrido, hasta cierto punto, los buenos efectos del aislamiento. Por último, llego a la conclusión de que, aun cuando los territorios pequeños aislados han sido en muchos conceptos sumamente favorables para la producción de nuevas especies, sin embargo, el curso de la modificación habrá sido generalmente más rápido en los grandes territorios, y, lo que es más importante, que las nuevas especies producidas en territorios grandes, que ya han sido vencedoras de muchos competidores, serán las que se extenderán más lejos y darán origen a mayor número de variedades y especies; de este modo representarán el papel más importante en la historia, tan variada, del mundo orgánico.

De conformidad con esta opinión, podemos quizá comprender algunos hechos, sobre los que insistiremos de nuevo en nuestro capítulo sobre distribución geográfica; por ejemplo: el hecho de que las producciones del pequeño continente australiano cedan ante las del gran territorio europeo asiático. Así también ha ocurrido que las producciones continentales en todas partes se han llegado a naturalizar en tan gran número en las islas. **En una isla pequeña, la lucha por la vida habrá sido menos severa, y habrá habido menos modificación y menos exterminio. Por esto podemos comprender cómo la flora de Madeira, según Oswal Heer, se parece, hasta cierto punto, a la extinguida flora terciaria de Europa. Todas las masas de agua dulce, tomadas juntas, constituyen una extensión pequeña, comparada con la del mar o con la de la tierra. Por consiguiente, la competencia entre las producciones de agua dulce habrá sido menos dura que en parte alguna;** las nuevas formas se habrán producido, por consiguiente, con más lentitud y las formas viejas habrán sido más lentamente exterminadas. Y es precisamente en las aguas dulces donde encontramos siete géneros de peces ganoideos, resto de un orden preponderante en otro tiempo, y en agua dulce encontramos algunas de las formas más anómalas conocidas hoy en el mundo, como Ornithorhynchus y Lepidosiren, que, como los fósiles, unen, hasta cierto punto, órdenes actualmente muy separados en la escala natural. Estas formas anómalas pueden ser llamadas fósiles vivientes: han resistido hasta hoy por haber vivido en las regiones confinadas y por haber estado expuestos a competencia menos variada y, por consiguiente, menos severa.

Resumiendo, hasta donde la extrema complicación del asunto lo permite, las circunstancias favorables y desfavorables para la producción de nuevas especies por selección natural, llego a la conclusión de que, para las producciones terrestres, **un gran territorio continental que haya experimentado muchas oscilaciones de nivel habrá sido lo más favorable para la producción de nuevas formas de vida, capaces de durar mucho tiempo y de extenderse mucho. Mientras el territorio existió como un continente, los habitantes habrán sido numerosos en individuos y especies, y habrán estado sometidos a competencia rigurosa. Cuando por depresión se convirtió en grandes islas separadas, habrán subsistido muchos individuos de la misma especie en cada isla; el cruzamiento en los límites de la extensión ocupada por cada nueva especie habrá quedado impedido; después de cambios físicos de cualquier clase, la inmigración habrá estado evitada, de modo que los nuevos puestos en la economía de cada isla habrán tenido que ser ocupados mediante la modificación de los antiguos**

habitantes, y habrá habido tiempo para que se modificasen y perfeccionasen bien las variedades en cada isla. Al convertirse, por nueva elevación, las islas otra vez en un territorio continental, habrá habido de nuevo competencia rigurosísima; las variedades más favorecidas o perfeccionadas habrán podido extenderse, se habrán extinguido muchas de las formas menos perfeccionadas, y las relaciones numéricas entre los diferentes habitantes del continente reconstituido habrán cambiado de nuevo, y **de nuevo habrá habido un campo favorable para que la selección natural perfeccione todavía más los habitantes y produzca de este modo nuevas especies.**

Que la selección natural obra generalmente con extrema lentitud, lo admito por completo. Sólo puede obrar cuando en la economía natural de una región haya puestos que puedan estar mejor ocupados mediante la modificación de algunos de los habitantes que en ella viven. La existencia de tales puestos dependerá con frecuencia de cambios físicos, que generalmente se verifican con gran lentitud, y de que sea impedida la inmigración de formas mejor adaptadas. **A medida que algunos de los antiguos habitantes se modifiquen, las relaciones mutuas de los otros, muchas veces quedarán perturbadas, y esto creará nuevos puestos a punto para ser ocupados por formas mejor adaptadas; pero todo esto se efectuará muy lentamente.** Aunque todos los individuos de la misma especie difieren entre sí en algún pequeño grado, con frecuencia habría de pasar mucho tiempo antes de que pudiesen presentarse, en las diversas partes de la organización, diferencias de naturaleza conveniente. Con frecuencia, el cruzamiento libre tiene que retardar mucho el resultado. Muchos dirán que estas diferentes causas son muy suficientes para neutralizar el poder de la selección natural: no lo creo así. **Lo que creo es que la selección natural obrará, en general, con mucha lentitud, y sólo con largos intervalos y sólo sobre algunos de los habitantes de la misma región.** Creo además que estos lentos e intermitentes resultados concuerdan bien con lo que la Geología nos dice acerca de la velocidad y manera como han cambiado los seres que habitan la tierra.

Por lento que pueda ser el proceso de selección, si el hombre, tan débil, es capaz de hacer mucho por selección artificial, no puedo ver ningún límite para la cantidad de variación, para la belleza y complejidad de las adaptaciones de todos los seres orgánicos entre sí, o con sus condiciones físicas de vida, que pueden haber sido realizadas, en el largo transcurso de tiempo, mediante el poder de la selección de la naturaleza; esto es: por la supervivencia de los más adecuados.

Extinción producida por selección natural

Este asunto será discutido con mayor amplitud en el capítulo sobre Geología; pero hay que aludir a él en este lugar, por estar íntimamente relacionado con la selección natural. La selección natural obra sólo mediante la conservación de variaciones en algún modo ventajosas, y que, por consiguiente, persisten. Debido a la elevada progresión geométrica de aumento de todos los seres vivientes, cada territorio está ya provisto por completo de habitantes, y de esto se sigue que, del mismo modo que las formas favorecidas aumentan en número de individuos, así también las menos favorecidas, generalmente disminuirán y llegarán a ser raras. <u>La rareza, según la Geología nos enseña, es precursora de la extinción.</u> Podemos ver que toda forma que esté representada por pocos individuos corre mucho riesgo de extinción completa durante las grandes fluctuaciones en la naturaleza de las estaciones, o por un aumento temporal en el número de sus enemigos. <u>Pero podemos ir más lejos todavía; pues, como se producen nuevas formas, muchas formas viejas tienen que extinguirse, a menos que admitamos que el número de formas específicas puede ir aumentando indefinidamente. Y que el número de formas específicas no ha aumentado indefinidamente, nos lo enseña claramente la Geología; e intentaremos ahora demostrar cómo es que el número de especies en el mundo no ha llegado a ser inconmensurablemente grande.</u>

Hemos visto que las especies que son más numerosas en individuos tienen las mayores probabilidades de producir variaciones favorables en un espacio de tiempo dado. Tenemos pruebas de esto en los hechos manifestados en el capítulo segundo, que demuestran que las especies comunes y difundidas, o predominantes, son precisamente las que ofrecen el mayor número de variedades registradas. De aquí que las especies raras se modificarán y perfeccionarán con menor rapidez en un tiempo dado y, por consiguiente, serán derrotadas en la lucha por la vida por los descendientes modificados y perfeccionados de las especies más comunes.

De estas diferentes consideraciones creo que se sigue inevitablemente que, a medida que en el transcurso del tiempo se forman por selección natural especies nuevas, otras se irán haciendo más y más raras, y, por último, se extinguirán. Las formas que están en competencia más inmediata con las que experimentan modificación y perfeccionamiento sufrirán, naturalmente, más; y hemos visto en el capítulo sobre la lucha por la existencia que las formas más afines -variedades de la misma especie y especies del mismo género o de géneros próximos- son las que, por tener casi la misma estructura, constitución y costumbres, entran generalmente en competencia mutua la más rigurosa. En consecuencia, cada nueva variedad o especie, durante su proceso de formación, luchará con la mayor dureza con sus parientes más próximos y tenderá a exterminarlos. Vemos este mismo proceso de exterminio en nuestras producciones domésticas por la selección de formas perfeccionadas hecha por el hombre. Podrían citarse muchos ejemplos curiosos que muestran la rapidez con que nuevas castas de ganado vacuno, ovejas y otros animales y nuevas variedades de flores reemplazan a las antiguas e inferiores. Se sabe históricamente que en Yorkshire el antiguo ganado vacuno negro fue desalojado por el long-horn, y éste fue «barrido por el short-horn» -cito las palabras textuales de un agrónomo- «como por una peste mortal».

Divergencia de caracteres

El principio que he designado con estos términos es de suma importancia y explica, a mi parecer, diferentes hechos importantes. En primer lugar, las variedades, aun las muy marcadas, aunque tengan algo de carácter de especies -como lo demuestran las continuas dudas, en muchos casos, para clasificarlas-, difieren ciertamente mucho menos entre sí que las especies verdaderas y distintas. Sin embargo, en mi opinión, las variedades son especies en vías de formación o, como las he llamado, especies incipientes. ¿De qué modo, pues, la diferencia pequeña que existe entre las variedades aumenta hasta convertirse en la diferencia mayor que hay entre las especies? Que esto ocurre habitualmente debemos inferirlo de que en toda la naturaleza la mayor parte de las innumerables especies presenta diferencias bien marcadas, mientras que las variedades -los supuestos prototipos y progenitores de futuras especies bien marcadas- presentan diferencias ligeras y mal definidas. Simplemente, la suerte, como podemos llamarla, pudo hacer que una variedad difiriese en algún carácter de sus progenitores y que la descendencia de esta variedad difiera de ésta precisamente en el mismo carácter, aunque en grado mayor; pero esto solo no explicaría nunca una diferencia tan habitual y grande como la que existe entre las especies del mismo género.

Siguiendo mi costumbre, he buscado alguna luz sobre este particular en las producciones domésticas. Encontraremos en ellas algo análogo. Se admitirá que la producción de razas tan diferentes como el ganado vacuno short-horn y el de Hereford, los caballos de carrera y de tiro, las diferentes razas de palomas, etc., no pudo

efectuarse en modo alguno por la simple acumulación casual de variaciones semejantes durante muchas generaciones sucesivas. En la práctica llama la atención de un cultivador una paloma con el pico ligeramente más corto; a otro criador llama la atención una paloma con el pico un poco más largo, y -según el principio conocido de que «los criadores no admiran ni admirarán un tipo medio, sino que les gustan los extremos»- ambos continuarán, como positivamente ha ocurrido con las sub-razas de la paloma volteadora, escogiendo y sacando crías de los individuos con pico cada vez más largo y con pico cada vez más corto. Más aún: podemos suponer que, en un período remoto de la historia, los hombres de una nación o país necesitaron los caballos más veloces, mientras que los de otro necesitaron caballos más fuertes y corpulentos. Las primeras diferencias serían pequeñísimas; pero en el transcurso del tiempo, por la selección continuada de caballos más veloces en un caso, y más fuertes en otro, las diferencias se harían mayores y se distinguirían como formando dos sub-razas. Por último, después de siglos, estas dos sub-razas llegarían a convertirse en dos razas distintas y bien establecidas. Al hacerse mayor la diferencia, los individuos inferiores con caracteres intermedios, que no fuesen ni muy veloces ni muy corpulentos, no se utilizarían para la cría y, de este modo, han tendido a desaparecer. Vemos, pues, en las producciones del hombre la acción de lo que puede llamarse el principio de divergencia, produciendo diferencias, primero apenas apreciables, que aumentan continuamente, y que las razas se separan, por sus caracteres, unas de otras y también del tronco común.

Pero podría preguntarse: ¿cómo puede aplicarse a la naturaleza un principio análogo? Creo que puede aplicarse, y que se aplica muy eficazmente -aun cuando pasó mucho tiempo antes de que yo viese cómo-, por la simple circunstancia de que cuanto más se diferencian los descendientes de una especie cualquiera en estructura, constitución y costumbres, tanto más capaces serán de ocupar muchos y más diferentes puestos en la economía de la naturaleza, y así podrán aumentar en número.

Podemos ver esto claramente en el caso de animales de costumbres sencillas. Tomemos el caso de un cuadrúpedo carnívoro cuyo número de individuos haya llegado desde hace tiempo al promedio que puede mantenerse en un país cualquiera. Si se deja obrar a su facultad natural de aumento, este animal sólo puede conseguir aumentar -puesto que el país no experimenta cambio alguno en sus condiciones- porque sus descendientes que varíen se apoderen de los puestos actualmente ocupados por otros animales: unos, por ejemplo, por poder alimentarse de nuevas clases de presas, muertas o vivas; otros, por habitar nuevos parajes, trepar a los árboles o frecuentar el agua, y otros, quizá por haberse hecho menos carnívoros. Cuanto más lleguen a diferenciarse en costumbres y conformación los descendientes de nuestros animales carnívoros, tantos más puestos serán capaces de ocupar.

Lo que se aplica a un animal se aplicará en todo tiempo a todos los animales, dado que varíen, pues, en otro caso, la selección natural no puede hacer nada.

Lo mismo ocurrirá con las plantas. Se ha demostrado experimentalmente que si se siembra una parcela de terreno con una sola especie de gramínea, y otra parcela semejante con varios géneros distintos de gramíneas, se puede obtener en este último caso un peso mayor de hierba seca que en el primero. Se ha visto que este mismo resultado subsiste cuando se han sembrado en espacios iguales de tierra una variedad y varias variedades mezcladas de trigo. De aquí que si una especie cualquiera de gramínea fuese variando, y fuesen seleccionadas constantemente las variedades que difiriesen entre sí del mismo modo -aunque en grado ligerísimo- que difieren las distintas especies y géneros de gramíneas, un gran número de individuos de esta especie, incluyendo sus descendientes modificados, conseguiría vivir en la misma parcela de terreno. Y sabemos que cada especie y cada variedad de gramínea da anualmente casi innumerables simientes, y está de este modo, por decirlo así, esforzándose hasta lo sumo por aumentar en número de individuos. En consecuencia, en el transcurso de muchos miles de generaciones, las variedades más diferentes de una especie de gramínea tendrían las mayores probabilidades de triunfar y aumentar el número de sus individuos y de suplantar así a las variedades menos diferentes; y las variedades, cuando se han hecho muy diferentes entre sí, alcanzan la categoría de especies.

La verdad del principio de que la cantidad máxima de vida puede ser sostenida mediante una gran diversidad de conformaciones se ve en muchas circunstancias naturales. En una región muy pequeña, en especial si está por completo abierta a la inmigración, donde la contienda entre individuo e individuo tiene que ser severísima, encontramos siempre gran diversidad en sus habitantes. Por ejemplo: he observado que un pedazo de césped, cuya superficie era de tres pies por cuatro, que había estado expuesto durante muchos años exactamente a las mismas condiciones, contenía veinte especies de plantas, y éstas pertenecían a diez y ocho géneros y a ocho órdenes; lo que demuestra lo mucho que estas plantas diferían entre sí. Lo mismo ocurre con las plantas e insectos en las islas pequeñas y uniformes, y también en las charcas de agua dulce. **Los agricultores observan que pueden obtener más productos mediante una rotación de plantas pertenecientes a órdenes los más diferentes: la naturaleza sigue lo que podría llamarse una rotación simultánea.** La mayor parte de los animales o plantas que viven alrededor de un pequeño pedazo de terreno podrían vivir en él -suponiendo que su naturaleza no sea, de algún modo, extraordinaria-, y puede decirse que están esforzándose, hasta lo sumo, para vivir allí; pero se ve que, **cuando entran en competencia más viva, las ventajas de la diversidad de estructura, junto con las diferencias de costumbres y constitución que las acompañan, determinan el que los habitantes que de este modo pugnaron empeñadamente pertenezcan, por regla general, a lo que llamamos géneros y órdenes diferentes.**

El mismo principio se observa en la naturalización de plantas, mediante la acción del hombre, en países extranjeros. Podía esperarse que las plantas que consiguieron llegar a naturalizarse en un país cualquiera tenían que haber sido, en general, muy afines de las indígenas, pues éstas, por lo común, son consideradas como especialmente creadas y adaptadas para su propio país. También quizá podría esperarse que las plantas naturalizadas hubiesen pertenecido a un corto número de grupos más especialmente adaptados a ciertos parajes en sus nuevas localidades. Pero el caso es muy otro; y Alph. de Candolle ha hecho observar acertadamente, en su grande y admirable obra, que las floras, en proporción al número de géneros y especies indígenas, aumentan, por naturalización, mucho más en nuevos géneros que en nuevas especies. Para dar un solo ejemplo: en la última edición del Manual of the Flora of the Northern United States, del doctor Asa Gray, se enumeran 260 plantas naturalizadas, y éstas pertenecen a 162 géneros. Vemos en este caso que estas plantas naturalizadas son de naturaleza sumamente diversa. Además, difieren mucho de las plantas indígenas, pues de los 162 géneros naturalizados, no menos de cien géneros no son indígenas allí, y de este modo se ha añadido un número relativamente grande a los géneros que viven actualmente en los Estados Unidos.

Considerando la naturaleza de las plantas y animales que en un país han luchado con buen éxito con los indígenas y que han llegado a aclimatarse en él, podemos adquirir una tosca idea del modo como algunos de los seres orgánicos indígenas tendrían que modificarse para obtener

ventaja sobre sus compatriotas, o podemos, por lo menos, inferir qué diversidad de conformación, llegando hasta nuevas diferencias genéricas, les sería provechosa.

La ventaja de la diversidad de estructura en los habitantes de una misma región es, en el fondo, la misma que la de la división fisiológica del trabajo en los órganos de un mismo individuo, asunto tan bien dilucidado por Milne Edwards. Ningún fisiólogo duda de que un estómago adaptado a digerir sólo materias vegetales, o sólo carne, saca más alimento de estas substancias. De igual modo, en la economía general de un país, cuanto más extensa y perfectamente diversificados para diferentes costumbres estén los animales y plantas, tanto mayor será el número de individuos que puedan mantenerse. Un conjunto de animales cuyos organismos sean poco diferentes apenas podría competir con otro de organismos más diversificados. Puede dudarse, por ejemplo, si los marsupiales australianos, que están divididos en grupos que difieren muy poco entre sí y que, como Mr. Waterhouse y otros autores han hecho observar, representan débilmente a nuestros carnívoros, rumiantes y roedores, podrían competir con buen éxito con estos órdenes bien desarrollados. En los mamíferos australianos vemos el proceso de diversificación en un estado de desarrollo primitivo e incompleto.

Efectos probables de la acción de la selección natural, mediante divergencia de caracteres y extinción, sobre los descendientes de un antepasado común.

Después de la discusión precedente, que ha sido muy condensada, podemos admitir que los descendientes modificados de cualquier especie prosperarán tanto mejor cuanto más diferentes lleguen a ser en su conformación y sean de este modo capaces de usurpar los puestos ocupados por otros seres. **Veamos ahora cómo tiende a obrar este principio de las ventajas que se derivan de las diferencias de caracteres, combinado con los principios de la selección natural y de la extinción**.

El cuadro adjunto nos ayudará a comprender este asunto, algo complicado. Supongamos que las letras A a L representan las especies de un género grande en su propio país; se supone que estas especies se asemejan entre sí en grados desiguales, como ocurre generalmente en la naturaleza y como está representado en el cuadro, por estar las letras a distancias desiguales. He dicho un género grande porque, como vimos en el capítulo segundo, en proporción, varían más especies en los géneros grandes que en los géneros pequeños, y las especies que varían pertenecientes a los géneros grandes presentan un número mayor de variedades. Hemos visto también que las especies más comunes y difundidas varían más que las especies raras y limitadas. Sea A una especie común muy difundida y variable, perteneciente a un género grande en su propia región. Las líneas de puntos ramificados y divergentes de longitudes desiguales, procedentes de A, pueden representar su variable descendencia. Se supone que las variaciones son ligerísimas, pero de la más diversa naturaleza; no se supone que todas aparezcan simultáneamente, sino, con frecuencia, tras largos intervalos de tiempo; ni tampoco se supone que persistan durante períodos iguales. Sólo las variaciones que sean en algún modo ventajosas serán conservadas o naturalmente seleccionadas. Y en este caso aparece la importancia del principio de la ventaja derivada de la divergencia de caracteres, pues esto llevará, en general, a que se conserven y acumulen por selección natural las variaciones más diferentes o divergentes, representadas por las líneas de puntos más externas. Cuando una línea de puntos llega a una de las líneas horizontales y está allí marcada con una letra minúscula con número, se supone que se ha acumulado una cantidad suficiente de variación para constituir una variedad bien marcada; tanto, que se la juzgaría digna de ser registrada en una obra sistemática.

Los intervalos entre las líneas horizontales del cuadro pueden representar cada uno un millar de generaciones o más. Después de un millar de generaciones se supone que la especie A ha producido dos variedades perfectamente marcadas, que son a1 y m2. Estas dos variedades estarán, por lo general, sometidas todavía a las mismas condiciones que hicieron variar a sus antepasados, y la tendencia a la variabilidad es en sí misma hereditaria; por consiguiente, tenderán también a variar, y, por lo común, casi del mismo modo que lo hicieron sus padres. Es más: estas dos variedades, como son sólo formas ligeramente modificadas, tenderán a heredar las ventajas que hicieron a su tronco común A más numeroso que la mayor parte de los otros habitantes de la misma región; participarán ellas también de aquellas ventajas más generales que hicieron del género a que perteneció la especie madre A un género grande en su propia región, y todas estas circunstancias son favorables a la producción de nuevas variedades.

Si estas dos variedades son, pues, variables, las más divergentes de sus variaciones se conservarán, por lo común, durante las mil generaciones siguientes. Y después de este intervalo se supone que la variedad a1 del cuadro ha producido la variedad a2, que, debido al principio de la divergencia, diferirá más de A que difirió la variedad a1. La variedad m1 se supone que ha producido dos variedades, a saber: m2 y s2, que difieren entre sí y aun más de su antepasado común A. Podemos continuar el proceso, por grados semejantes, durante cualquier espacio de tiempo: produciendo algunas de las variedades después de cada millar de generaciones sólo una variedad, pero de condición cada vez más modificada; produciendo otras, dos o tres variedades, y no consiguiendo otras producir ninguna. De este modo, las variedades o descendientes modificados del tronco común A continuarán, en general, aumentando en número y divergiendo en caracteres. En el cuadro, el proceso está representado hasta la diezmilésima generación, y en una forma condensada y simplificada, hasta la catorcemilésima generación.

Pero he de hacer observar aquí que no supongo yo que el proceso continúe siempre tan regularmente como está representado en el cuadro -aunque éste es ya algo irregular-, ni que se desarrolle sin interrupción; es mucho más probable que cada forma permanezca inalterable durante largos períodos y experimente después otra vez modificación. Tampoco supongo que las variedades más divergentes, invariablemente se conserven; con frecuencia, una forma media puede durar mucho tiempo y puede o no producir más de una forma descendiente modificada; pues la selección natural obra según la naturaleza de los puestos que estén desocupados, u ocupados imperfectamente, por otros seres, y esto dependerá de relaciones infinitamente complejas. Pero, por regla general, cuanto más diferente pueda hacerse la conformación de los descendientes de una especie, tantos más puestos podrán apropiarse y tanto más aumentará su descendencia modificada. En nuestro cuadro, la línea de sucesión está interrumpida a intervalos regulares por letras minúsculas con número, que señalan las formas sucesivas que han llegado a ser lo bastante distintas para ser registradas como variedades. Pero estas interrupciones son imaginarias y podrían haberse puesto en cualquier punto después de intervalos suficientemente largos para permitir la acumulación de una considerable variación divergente.

Como todos los descendientes modificados de una especie común y muy difundida perteneciente a un género grande, tenderán a participar de las mismas ventajas que hicieron a sus padres triunfar en la vida, continuarán generalmente multiplicándose en número, así como también divergiendo en caracteres: esto está representado en el cuadro por las varias ramas divergentes que parten de A. La descendencia modificada de las ramas más modernas y más perfeccionadas de las líneas de descendencia probablemente ocuparán con frecuencia el lugar de las ramas más antiguas y menos perfeccionadas, destruyéndolas así, lo que está representado en el cuadro por alguna de las ramas inferiores que no alcanza a las líneas horizontales superiores. En algunos casos, indudablemente, el proceso de modificación estará limitado a una sola línea de descendencia, y el número de descendientes modificados no aumentará, aunque puede haber aumentado la divergencia de la modificación. Este caso estaría representado en el diagrama si todas las líneas que parten de A fuesen suprimidas, excepto la que va desde a1 hasta al a10. De este modo, el caballo de carreras inglés y el pointer inglés han ido evidentemente divergiendo poco a poco en sus caracteres de los troncos primitivos, sin que hayan dado ninguna nueva rama o raza.

Se supone que, después de diez mil generaciones, la especie A ha producido tres formas -a10, f10 y m10- que, por haber divergido en los caracteres durante las generaciones sucesivas, habrán llegado a diferir mucho, aunque quizá desigualmente, unas de otras y de su tronco común. Si suponemos que el cambio entre dos líneas horizontales de nuestro cuadro es pequeñísimo, estas tres formas podrían ser todavía sólo variedades bien señaladas; pero no tenemos más que suponer que los pasos en el proceso de modificación son más numerosos o mayores para que estas tres formas se conviertan en especies dudosas o, por lo menos, en variedades bien definidas. De este modo, el cuadro muestra los grados por los que las diferencias pequeñas que distinguen las variedades crecen hasta convertirse en las diferencias mayores que distinguen las especies. Continuando el mismo proceso durante un gran número de generaciones -como, muestra el cuadro de un modo condensado y simplificado-, obtenemos ocho especies, señaladas por las letras a14 a m14, descendientes todas de A. De este modo, creo yo, se multiplican las especies y se forman los géneros.

En un género grande es probable que más de una especie tenga que variar. En el cuadro he supuesto que otra especie I ha producido por etapas análogas, después de diez mil generaciones, dos variedades bien caracterizadas -w10 y z10-, o dos especies, según la intensidad del cambio que se suponga representada entre las líneas horizontales. Después de catorce mil generaciones, se supone que se han producido seis especies nuevas, señaladas por las letras n14 a z14. En todo género, las especies que sean ya muy diferentes entre sí tenderán en general a producir el mayor número de descendientes modificados, pues son las que tendrán más probabilidad de ocupar puestos nuevos y muy diferentes en la economía de la naturaleza; por esto, en el cuadro he escogido la especie extrema A y la especie casi extrema I, como las que han variado más y han dado origen a nuevas variedades y especies. Las otras nueve especies -señaladas por letras mayúsculas- de nuestro género primitivo pueden continuar dando durante períodos largos, aunque desiguales, descendientes no modificados, lo que se representa en el cuadro por las líneas de puntos que se prolongan desigualmente hacia arriba.

Pero durante el proceso de modificación representado en el cuadro, otro de nuestros principios, el de la extinción, habrá representado un papel importante. Como en cada país completamente poblado la selección natural necesariamente obra porque la forma seleccionada tiene alguna ventaja en la lucha por la vida sobre otras formas, habrá una tendencia constante en los descendientes perfeccionados de una especie cualquiera a suplantar y exterminar en cada generación a sus precursores y a su tronco primitivo. Para esto hay que recordar que la lucha será, en general, más rigurosa entre las formas que estén más relacionadas entre sí en costumbres, constitución y estructura. De aquí que todas las formas intermedias entre el estado primitivo y los más recientes, esto es, entre los estados menos perfeccionados y los más perfeccionados de la misma especie, así como también la especie madre primitiva misma, tenderán, en general, a extinguirse. Así ocurrirá probablemente con muchas ramas colaterales, que serán vencidas por ramas más modernas mejoradas. Sin embargo, si los descendientes mejorados de una especie penetran en un país distinto o se adaptan rápidamente a una estación nueva por completo, en la cual la descendencia y el tipo primitivo no entren en competencia, pueden ambos continuar viviendo.

Si se admite, pues, que nuestro cuadro representa una cantidad considerable de modificación, la especie A y todas las variedades primitivas se habrán extinguido, estando reemplazadas por ocho especies nuevas- a14 a m14- y la especie I estará reemplazada por seis especies nuevas -n14 a z14-.

Pero podemos ir aún más lejos. Las especies primitivas de nuestro género se suponía que se asemejaban unas a otras en grados desiguales, como ocurre generalmente en la naturaleza, siendo la especie A más próxima a B, C y D que a las otras especies, y la especie I más próxima a G, H, K y L que a las otras. Se suponía también que las dos especies A e I eran especies comunísimas y muy difundidas, de modo que debían haber tenido primitivamente alguna ventaja sobre la mayor parte de las otras especies del género. Sus descendientes modificados, en número de catorce, a la catorcemilésima generación habrán heredado probablemente algunas ventajas; se habrán además modificado y perfeccionado de un modo diverso en cada generación, de modo que habrán llegado a adaptarse a muchos puestos adecuados en la economía natural del país. Parece, por lo tanto, sumamente probable que habrán ocupado los puestos, no sólo de sus antepasados A e I, sino también de muchas de las especies primitivas que eran más semejantes a sus padres, exterminándolas así. Por consiguiente poquísimas de las especies primitivas habrán transmitido descendientes a la catorcemilésima generación. Podemos suponer que sólo una -F- de las dos especies -E y F- que eran las menos afines de las otras nueve especies primitivas ha dado descendientes hasta esta última generación.

Las nuevas especies de nuestro cuadro, que descienden de las once especies primitivas, serán ahora en número de quince. Debido a la tendencia divergente de la selección natural, la divergencia máxima de caracteres entre las especies a14 y z14 será mucho mayor que entre las más diferentes de las once especies primitivas. Las nuevas especies, además, estarán relacionadas entre sí de modo muy diferente. De las ocho descendientes de A, las tres señaladas por a14, q14 y p14 estarán muy relacionadas por haberse separado recientemente de a10; b14 y f14, por haberse separado en un período anterior de a5, serán bastante distintas de las tres especies primero mencionadas, y, por último, o14, e14 y m14 estarán muy relacionadas entre sí; pero por haberse separado desde el mismo principio del proceso de modificación serán muy diferentes de las otras cinco especies, y pueden constituir un subgénero o un género distinto.

Los seis descendientes de I formarán dos subgéneros o géneros; pero como la especie primitiva I difería mucho de A, por estar casi en el otro extremo del género, los seis descendientes de I, sólo por la herencia, diferirán ya considerablemente de los ocho descendientes de A; pero, además, se supone que los dos grupos continúan divergiendo en direcciones distintas. Las especies intermedias -y esto es una consideración importantísima- que unían las especies primitivas A e I, exceptuando F, se han extinguido todas y no han dejado ningún descendiente. Por consiguiente, las seis especies nuevas descendientes de I y las ocho descendientes de A tendrán que ser clasificadas como géneros muy distintos y hasta como subfamilias distintas.

Así es, a mi parecer, como dos o más géneros se originan, por descendencia con modificación, de dos o más especies del mismo género. Y las dos o más especies madres se supone que han descendido de una especie de un género anterior. En nuestro cuadro se ha indicado esto por las líneas interrumpidas debajo de las letras mayúsculas, líneas que por abajo convergen en grupos hacia un punto común; este punto representa una especie: el progenitor supuesto de nuestros diferentes subgéneros y géneros nuevos.

Vale la pena reflexionar un momento sobre el carácter de la nueva especie f14, que se supone que no ha variado mucho y que ha conservado la forma de F sin alteración, o alterada sólo ligeramente. En este caso, sus afinidades con las otras catorce especies nuevas serán de naturaleza curiosa e indirecta. Por descender de una forma situada entre las especies madres A e I, que se suponen actualmente extinguidas y desconocidas, será, en cierto modo, intermedia entre los dos grupos descendientes de estas dos especies. Pero como estos dos grupos han continuado divergiendo en sus caracteres del tipo de sus progenitores, la nueva especie f14 no será directamente intermedia entre ellos, sino más bien entre tipos de los dos grupos, y todo naturalista podrá recordar casos semejantes.

Hasta ahora se ha supuesto que en el cuadro cada línea horizontal representa un millar de generaciones; pero cada una puede representar un millón de generaciones, o más, o puede también representar una sección de las capas sucesivas de la corteza terrestre, que contienen restos de seres extinguidos. Cuando lleguemos al capítulo sobre la Geología tendremos que insistir en este asunto, y creo que entonces veremos que el cuadro da luz sobre las afinidades de los seres extinguidos, que, aunque pertenezcan a los mismos órdenes, familias y géneros que los hoy vivientes, sin embargo, son con frecuencia intermedios en cierto grado entre los grupos existentes, y podemos explicarnos este hecho porque las especies extinguidas vivieron en diferentes épocas remotas, cuando las ramificaciones de las líneas de descendencia se habían separado menos.

No veo razón alguna para limitar el proceso de ramificación, como queda explicado, a la formación sólo de géneros. Si en el cuadro suponemos que es grande el cambio representado por cada grupo sucesivo de líneas divergentes de puntos, las formas a14 a p14, las formas b14 y f14 y las formas o14 a m14 constituirán tres géneros muy distintos. Tendremos también dos géneros muy distintos descendientes de I, que diferirán mucho de los descendientes de A. Estos dos grupos de géneros formarán de este modo dos familias u órdenes distintos, según la cantidad de modificación divergente que se suponga representada en el cuadro. Y las dos nuevas familias u órdenes descienden de dos especies del género primitivo, y se supone que éstas descienden de alguna forma desconocida aún más antigua.

Hemos visto que en cada país las especies que pertenecen a los géneros mayores son precisamente las que con más frecuencia presentan variedades o especies incipientes. Esto, realmente, podía esperarse, pues como la selección natural obra mediante formas que tienen alguna ventaja sobre otras en la luchapor la existencia, obrará principalmente sobre aquellas que tienen ya alguna ventaja, y la magnitud de un grupo cualquiera muestra que sus especies han heredado de un antepasado común alguna ventaja en común. Por consiguiente, la lucha por la producción de descendientes nuevos y modificados será principalmente entre los grupos mayores, que están todos esforzándose por aumentar en número. Un grupo grande vencerá lentamente a otro grupo grande, lo reducirá en número y hará disminuir así sus probabilidades de ulterior variación y perfeccionamiento. Dentro del mismo grupo grande, los subgrupos más recientes y más perfeccionados, por haberse separado y apoderado de muchos puestos nuevos en la economía de la naturaleza, tenderán constantemente a suplantar y destruir a los subgrupos más primitivos y menos perfeccionados. Los grupos y subgrupos pequeños y fragmentarios desaparecerán finalmente. Mirando al porvenir podemos predecir que los grupos de seres orgánicos actualmente grandes y triunfantes y que están poco interrumpidos, o sea los que hasta ahora han sufrido menos extinciones, continuarán aumentando durante un largo período; pero nadie puede predecir qué grupos prevalecerán finalmente, pues sabemos que muchos grupos muy desarrollados en otros tiempos han acabado por extinguirse. Mirando aún más a lo lejos en el porvenir podemos predecir que, debido al crecimiento continuo y seguro de los grupos mayores, una multitud de grupos pequeños llegará a extinguirse por completo y no dejará descendiente alguno modificado, y que, por consiguiente, de las especies que viven en un período cualquiera, sumamente pocas transmitirán descendientes a un futuro remoto. Tendré que insistir sobre este asunto en el capítulo sobre la clasificación; pero puedo añadir que, según esta hipótesis, poquísimas de las especies más antiguas han dado descendientes hasta el día de hoy; y como todos los descendientes de una misma especie forman una clase, podemos comprender cómo es que existen tan pocas clases en cada una de las divisiones principales de los reinos animal y vegetal. Aunque pocas de las especies más antiguas hayan dejado descendientes modificados, sin embargo, en períodos geológicos remotos la tierra pudo haber estado casi tan bien poblada como actualmente de especies de muchos géneros, familias, órdenes y clases.

Sobre el grado a que tiende a progresar la organización.

La selección natural obra exclusivamente mediante la conservación y acumulación de variaciones que sean provechosas, en las condiciones orgánicas e inorgánicas a que cada ser viviente está sometido en todos los períodos de su vida. El resultado final es que todo ser tiende a perfeccionarse más y más, en relación con las condiciones. Este perfeccionamiento conduce inevitablemente al progreso gradual de la organización del mayor número de seres vivientes, en todo el mundo. Pero aquí entramos en un asunto complicadísimo, pues los naturalistas no han definido, a satisfacción de todos, lo que se entiende por progreso en la organización.

Entre los vertebrados entran en juego, evidentemente, el grado de inteligencia y la aproximación a la conformación del hombre. Podría creerse que la intensidad del cambio que las diferentes partes y órganos experimentan en su desarrollo desde el embrión al estado adulto bastaría como tipo de comparación; pero hay casos, como el de ciertos crustáceos parásitos, en que diferentes partes de la estructura se vuelven menos perfectas, de modo que no puede decirse que el animal adulto sea superior a su larva. El tipo de comparación de von Baer parece el mejor y el de mayor aplicación: consiste en el grado de diferenciación de las partes del mismo ser orgánico -en estado adulto, me inclinaría a añadir yo- y su especialización para funciones diferentes o, según lo expresaría Milne Edwards, en el perfeccionamiento en la división del trabajo fisiológico.

Pero veremos lo obscuro de este asunto *si observamos, por ejemplo, los peces, entre los cuales algunos naturalistas consideran como superiores a los que, como los escualos, se aproximan más a los anfibios, mientras que otros naturalistas consideran como superiores los peces óseos comunes, o peces teleósteos, por cuanto son éstos los más estrictamente pisciformes y difieren más de las otras clases de vertebrados.* Notamos aún más la obscuridad de este asunto fijándonos en las plantas, en las cuales queda naturalmente **excluido por completo el criterio de inteligencia**, y, en este caso, algunas botánicos consideran como superiores las plantas que tienen todos los órganos, como sépalos, pétalos, estambres y pistilo, completamente desarrollados en cada flor, mientras que otros botánicos, probablemente con mayor razón, consideran como los superiores las plantas que tienen sus diferentes órganos muy modificados y reducidos en número.

Si tomamos como tipo de organización superior la intensidad de la diferenciación y especialización de los diferentes órganos en cada ser cuando es adulto -y esto comprenderá el progreso del cerebro para los fines intelectuales-, la selección natural conduce evidentemente a este tipo, pues todos los fisiólogos admiten que la especialización de los órganos, en tanto en cuanto en este estado realizan mejor sus funciones, es una ventaja para todo ser, y, por consiguiente, la acumulación de variaciones

que tiendan a la especialización está dentro del campo de acción de la selección natural. Por otra parte, podemos ver -teniendo presente que **todos los seres orgánicos se están esforzando por aumentar en una progresión elevada y por apoderarse de cualquier puesto desocupado, o menos bien ocupado, en la economía de la naturaleza-** que es **por completo posible a la selección natural adaptar un ser a una situación en la que diferentes órganos sean superfluos o inútiles; en estos casos habría retrocesos en la escala de organización.** En el capítulo sobre la sucesión geológica se discutirá más oportunamente si la organización en conjunto ha progresado realmente desde los períodos geológicos más remotos hasta hoy día.

Pero, si todos los seres orgánicos tienden a elevarse de este modo en la escala, puede hacerse la objeción de ¿cómo es que, por todo él mundo, existen todavía multitud de formas inferiores, y cómo es que en todas las grandes clases hay formas muchísimo más desarrolladas que otras? ¿Por qué las formas más perfeccionadas no han suplantado ni exterminado en todas partes a las inferiores? Lamarck, que creía en una tendencia innata e inevitable hacia la perfección en todos los seres orgánicos, parece haber sentido tan vivamente esta dificultad, que fue llevado a suponer que de continuo se producen, por generación espontánea, formas nuevas y sencillas. Hasta ahora, la ciencia no ha probado la verdad de esta hipótesis, sea lo que fuere lo que el porvenir pueda revelarnos. Según nuestra teoría, la persistencia de organismos inferiores no ofrece dificultad alguna, pues **la**

selección natural, o la supervivencia de los más adecuados, no implica necesariamente desarrollo progresivo; saca sólo provecho de las variaciones a medida que surgen y son beneficiosas para cada ser en sus complejas relaciones de vida. Y puede preguntarse: ¿qué ventaja habría -en lo que nosotros podamos comprender- para un animálculo infusorio, para un gusano intestinal, o hasta para una lombriz de tierra, en tener una organización superior? Si no hubiese ventaja, la selección natural tendría que dejar estas formas sin perfeccionar, o las perfeccionaría muy poco, y podrían permanecer por tiempo indefinido en su condición inferior actual. Y la Geología nos dice que algunas de las formas inferiores, como los infusorios y rizópodos, han permanecido durante un período enorme casi en su estado actual. Pero suponer que la mayor parte de las muchas formas inferiores que hoy existen no ha progresado en lo más mínimo desde la primera aparición de la vida sería sumamente temerario, pues todo naturalista que haya disecado algunos de las seres clasificados actualmente como muy inferiores en la escala tiene que haber quedado impresionado por su organización, realmente admirable y hermosa.

Casi las mismas observaciones son aplicables si consideramos los diferentes grados de organización dentro de uno de los grupos mayores; por ejemplo: la coexistencia de mamíferos y peces en los vertebrados; la coexistencia del hombre y el Ornithorhynchus en los mamíferos; la coexistencia, en los peces, del tiburón y el Amphioxus, pez este último que, por la extrema sencillez de su estructura, se aproxima a los invertebrados. Pero mamíferos y peces apenas entran en competencia mutua; el progreso de toda la clase de los mamíferos y de determinados miembros de esta clase hasta el grado más elevado no les llevaría a ocupar el lugar de los peces. Los fisiólogos creen que el cerebro necesita estar bañado por sangre caliente para estar en gran actividad, y esto requiere respiración aérea; de modo que los mamíferos, animales de sangre caliente, cuando viven en el agua están en situación desventajosa, por tener que ir continuamente a la superficie para respirar. *Entre los peces, los individuos de la familia de los tiburones no han de tender a suplantar al Amphioxus, pues éste, según me manifiesta Fritz Müller, tiene por único compañero y competidor, en la pobre costa arenosa del Brasil meridional, un anélido anómalo. Los tres órdenes inferiores de mamíferos, o sean los marsupiales, desdentados y roedores, coexisten en América del Sur en la misma región con numerosos monos, y probablemente hay pocos conflictos entre ellos.* **Aun cuando la organización, en conjunto, pueda haber avanzado y está todavía avanzando en todo el mundo, sin embargo, la escala presentará siempre muchos grados de perfección, pues el gran progreso de ciertas clases enteras, o de determinados miembros de cada clase, no conduce en modo alguno necesariamente a la extinción de los grupos con los cuales aquéllos no entran en competencia directa**. En algunos casos, como después veremos, formas de organización inferior parece que se han conservado hasta hoy día por haber vivido en estaciones reducidas o peculiares, donde han estado sujetas a competencia menos severa y donde su escaso número ha retardado la casualidad de que hayan surgido variaciones favorables.

Finalmente, creo que, por diferentes causas, existen todavía en el mundo muchas formas de organización inferior. En algunos casos pueden no haber aparecido nunca variaciones o diferencias individuales de naturaleza favorable para que la selección natural actúe sobre ellas y las acumule. En ningún caso, probablemente, el tiempo ha sido suficiente para permitir todo el desarrollo posible. En algunos casos ha habido lo que podemos llamar retroceso de organización. Pero la causa principal estriba en el hecho de que, en condiciones sumamente sencillas de vida, una organización elevada no sería de utilidad alguna; quizá sería un positivo perjuicio, por ser de naturaleza más delicada y más susceptible de descomponerse y ser destruida.

Considerando la primera aparición de la vida, cuando todos los seres orgánicos, según podemos creer, presentaban estructura sencillísima, se ha preguntado cómo pudieron originarse los primeros pasos en el progreso o diferenciación de partes. Míster Herbert Spencer contestaría probablemente que tan pronto como un simple organismo unicelular llegó, por crecimiento o división, a estar compuesto de diferentes células, o llegó a estar adherido a cualquier superficie de sostén, entrarla en acción su ley: «que las unidades homólogas de cualquier orden se diferencian a medida que sus relaciones con las fuerzas incidentes se hacen diferentes»; pero como no tenemos hechos que nos guíen, la especulación sobre este asunto es casi inútil. Es, sin embargo, un error suponer que no habría lucha por la existencia, ni, por consiguiente, selección natural, hasta que se produjesen muchas formas: las variaciones de una sola especie que vive en una estación aislada pudieron ser beneficiosas, y de este modo todo el conjunto de individuos pudo modificarse, o pudieron originarse dos formas distintas. Pero, como hice observar hacia el final de la introducción, nadie debe sorprenderse de lo mucho que todavía queda inexplicado sobre el origen de las especies, si nos hacemos el cargo debido de nuestra profunda ignorancia sobre las relaciones de los habitantes del mundo en los tiempos presentes, y todavía más en las edades pasadas.

Convergencia de caracteres

Míster H. C. Watson piensa que he exagerado la importancia de la divergencia de caracteres -en la cual, sin embargo, parece creer- y que la convergencia, como puede llamarse, ha representado igualmente su papel. Si dos especies pertenecientes a dos géneros distintos, aunque próximos, hubiesen producido un gran número de formas nuevas y divergentes, se concibe que éstas pudieran asemejarse tanto mutuamente que tuviesen que ser clasificadas todas en el mismo género y, de este modo, los descendientes de dos géneros distintos convergirían en uno. Pero en la mayor parte de los casos sería sumamente temerario atribuir a la convergencia la semejanza íntima y general de estructura entre los descendientes modificados de formas muy diferentes. La forma de un cristal está determinada únicamente por las fuerzas moleculares, y no es sorprendente que substancias desemejantes hayan de tomar algunas veces la misma forma; pero para los seres orgánicos hemos de tener presente que la forma de cada uno depende de una infinidad de relaciones complejas, a saber: de las variaciones que han sufrido, debidas a causas demasiado intrincadas para ser indagadas; de la naturaleza de las variaciones que se han conservado o seleccionado -y esto depende de las condiciones físicas ambientes, y, en un grado todavía mayor, de los organismos que rodean a cada ser, y con los cuales entran en competencia- y, finalmente, de la herencia -que en sí misma es un elemento fluctuante- de innumerables progenitores, cada uno de los cuales ha tenido su forma, determinada por relaciones igualmente complejas. No es creíble que los descendientas de los dos organismos que primitivamente habían diferido de un modo señalado convirgiesen después tanto que llevase a toda su organización a aproximarse mucho a la identidad. Si esto hubiese ocurrido, nos encontraríamos con la misma forma, que se repetiría, independientemente de conexiones genéticas, en formaciones geológicas muy separadas; y la comparación de las pruebas se opone a semejante admisión.

Míster Watson ha hecho también la objeción de que la acción continua de la selección natural, junto con la divergencia de caracteres, tendería a producir un número indefinido de formas específicas. Por lo que se refiere a las condiciones puramente inorgánicas, parece probable que un número suficiente de especies se adaptaría pronto a todas las diferencias tan considerables de calor, humedad, etc.; pero yo admito por completo que son más importantes las relaciones mutuas de los seres orgánicos, y, como el número de especies en cualquier país va aumentando, las condiciones orgánicas de vida tienen que irse haciendo cada vez más complicadas. Por consiguiente, parece a primera vista que no hay límite para la diversificación ventajosa de estructura, ni, por tanto, para el número de especies que puedan producirse. No sabemos que esté completamente poblado de formas específicas, ni aun el territorio más fecundo: en el Cabo de Buena Esperanza y en Australia, donde vive un número de especies tan asombroso, se han aclimatado muchas plantas europeas, y la Geología nos muestra que el número de especies de conchas, desde un tiempo muy antiguo del período terciario, y el número de mamíferos, desde la mitad del mismo período, no ha aumentado mucho, si es que ha aumentado algo. **¿Qué es, pues, lo que impide un aumento indefinido en el número de especies? La cantidad de vida -no me refiero al número de formas específicas- mantenida por un territorio dependiendo tanto como depende de las condiciones físicas ha de tener un límite, y, por consiguiente, si un territorio está habitado por muchísimas especies, todas o casi todas estarán representadas por pocos individuos y estas especies estarán expuestas a destrucción por las fluctuaciones accidentales que ocurran en la naturaleza de las estaciones o en el número de sus enemigos. El proceso de destrucción en estos casos sería rápido, mientras que la producción de especies nuevas tiene que ser lenta. Imaginémonos el caso extremo de que hubiese en Inglaterra tantas especies como individuos, y el primer invierno crudo o el primer verano seco exterminaría miles y miles de especies. Las especies raras -y toda especie llegará a ser rara si el número de especies de un país aumenta indefinidamente- presentarán, según el principio tantas veces explicado, dentro de un período dado, pocas variaciones favorables; en consecuencia, se retardaría de este modo el** proceso de dar nacimiento a nuevas formas específicas.

Cuando una especie llega a hacerse rarísima, los cruzamientos consanguíneos ayudarán a exterminarla; algunos autores han pensado que esto contribuye a explicar la decadencia de los bisontes en Lituania, del ciervo en Escocia y de los osos en Noruega, etc. Por último -y me inclino a pensar que éste es el elemento más importante-, una especie dominante que ha vencido ya a muchos competidores en su propia patria tenderá a extenderse y a suplantar a muchas otras. Alph. de Candolle ha demostrado que las especies que se extienden mucho tienden generalmente a extenderse muchísimo; por consiguiente, tenderán a suplantar y exterminar a diferentes especies en diferentes territorios, y de este modo, contendrán el desordenado aumento de formas específicas en el mundo. El doctor Hooker ha demostrado recientemente que en el extremo sudeste de Australia, donde evidentemente hay muchos invasores procedentes de diferentes partes del globo, el número de las especies peculiares australianas se ha reducido mucho. No pretendo decir qué importancia hay que atribuir a estas diferentes consideraciones; pero en conjunto tienen que limitar en cada país la tendencia a un aumento indefinido de formas específicas.

Resumen del capítulo

Si en condiciones variables de vida los seres orgánicos presentan diferencias individuales en casi todas las partes de su estructura- y esto es indiscutible-; si hay, debido a su progresión geométrica, una rigurosa lucha por la vida en alguna edad, estación o año -y esto, ciertamente, es indiscutible-; considerando entonces la complejidad infinita de las relaciones de los seres orgánicos entre sí y con sus condiciones de vida, que hacen que sea ventajoso para ellos una infinita diversidad de estructura, constitución y costumbres, sería un hecho el más extraordinario que no se hubiesen presentado nunca variaciones útiles a la prosperidad de cada ser, del mismo modo que se han presentado tantas variaciones útiles al hombre. Pero si las variaciones útiles a un ser orgánico ocurren alguna vez, los individuos caracterizados de este modo tendrán seguramente las mayores probabilidades de conservarse en la lucha por la vida, y, por el poderoso principio de la herencia, tenderán a producir descendientes con caracteres semejantes. A este principio de conservación o supervivencia de los más adecuados lo he llamado selección natural. Conduce este principio al perfeccionamiento de cada ser en relación con sus condiciones de vida orgánica e inorgánica, y, por consiguiente, en la mayor parte de los casos, a lo que puede ser considerado como un progreso en la organización. Sin embargo, las formas inferiores y sencillas persistirán mucho tiempo si están bien adecuadas a sus condiciones sencillas de vida.

La selección natural, por el principio de que las cualidades se heredan a las edades correspondientes, puede modificar el huevo, la semilla o el individuo joven tan fácilmente como el adulto. En muchos animales, la selección sexual habrá prestado su ayuda a la selección ordinaria, asegurando a los machos más vigorosos y mejor adaptados el mayor número de descendientes. La selección sexual dará también caracteres útiles sólo a los machos en sus luchas o rivalidades con otros machos, y estos caracteres; se transmitirán a un sexo, o a ambos sexos, según la forma de herencia que predomine.

Si la selección natural ha obrado positivamente de este modo, adaptando las diferentes formas orgánicas a las diversas condiciones y estaciones, es cosa que tiene que juzgarse por el contenido general de los capítulos siguientes y por la comparación de las pruebas que en ellos se dan. Pero ya hemos visto que la selección natural ocasiona extinción, y la Geología manifiesta claramente el importante papel que ha desempeñado la extinción en la historia del mundo. La selección natural lleva también a la divergencia de caracteres, pues cuanto más difieren los seres orgánicos en estructura, costumbres y constitución, tanto mayor es el número que puede sustentar un territorio, de lo que vemos una prueba considerando los habitantes de cualquier región pequeña y las producciones aclimatadas en países extraños. Por consiguiente, durante la modificación de los descendientes de una especie y durante la incesante lucha de todas las especies por aumentar en número de individuos, cuanto más diversos lleguen a ser los descendientes, tanto más aumentarán sus probabilidades de triunfo en la lucha por la vida. De este modo, las pequeñas diferencias que distinguen las variedades de una misma especie tienden constantemente a aumentar hasta que igualan a las diferencias mayores que existen entre las especies de un mismo género o aun de géneros distintos.

Hemos visto que las especies comunes, muy difundidas, que ocupan grandes extensiones y que pertenecen a los géneros mayores dentro de cada clase, son precisamente las que más varían, y éstas tienden a transmitir a su modificada descendencia aquella superioridad que las hace ahora predominantes en su propio país. La selección natural, como se acaba de hacer observar, conduce a la divergencia de caracteres y a mucha extinción de las formas orgánicas menos perfeccionadas y de las intermedias. Según estos principios, puede explicarse la naturaleza de las afinidades y de las diferencias, generalmente bien definidas, que existen entre los innumerables seres orgánicos de cada clase en todo el mundo. Es un hecho verdaderamente maravilloso -lo maravilloso del cual propendemos a dejar pasar inadvertido por estar familiarizados con él- que todos los animales y todas las plantas, en todo tiempo y lugar, estén relacionados entre sí en grupos subordinados a otros grupos, del modo que observamos en todas partes, o sea: las variedades de una misma especie, muy estrechamente relacionadas entre sí; las especies del mismo género, menos relacionadas y de modo desigual, formando secciones o subgéneros; las especies de géneros distintos, mucho menos relacionadas; y los géneros, relacionados en grados diferentes, formando subfamilias, familias, órdenes, subclases y clases. Los diferentes grupos subordinados no pueden ser ordenados en una sola fila, sino que parecen agrupados alrededor de puntos, y éstos alrededor de otros puntos, y así, sucesivamente, en círculos casi infinitos. Si las especies hubiesen sido creadas independientemente, no hubiera habido explicación posible de este género de clasificación, que se explica mediante la herencia y la acción compleja de la selección natural, que producen la extinción y la divergencia de caracteres, como lo hemos visto gráficamente en el cuadro.

Las afinidades de todos los seres de la misma clase se han representado algunas veces por un gran árbol. Creo que este ejemplo expresa mucho la verdad; las ramitas verdes y que dan brotes pueden representar especies vivientes, y las producidas durante años anteriores pueden representar la larga sucesión de especies extinguidas. En cada período de crecimiento, todas las ramitas que crecen han procurado ramificarse por todos lados y sobrepujar y matar a los brotes y ramas de alrededor, del mismo modo que las especies y grupos de especies, en todo tiempo han dominado a otras especies en la gran batalla por la vida. Las ramas mayores, que arrancan del tronco y se dividen en ramas grandes, las cuales se subdividen en ramas cada vez menores, fueron en un tiempo, cuando el árbol era joven, ramitas que brotaban, y esta relación entre los brotes pasados y los presentes, mediante la ramificación, puede representar bien la clasificación de todas las especies vivientes y extinguidas en grupos subordinados unos a otros.

De las muchas ramitas que florecieron cuando el árbol era un simple arbolillo, sólo dos o tres, convertidas ahora en ramas grandes, sobreviven todavía y llevan las otras ramas; de igual modo, de las especies que vivieron durante períodos geológicos muy antiguos, poquísimas han dejado descendientes vivos modificados. Desde el primer crecimiento del árbol, muchas ramas de todos tamaños se han secado y caído, y estas ramas caídas, de varios tamaños, pueden representar todos aquellos órdenes, familias y géneros enteros que no tienen actualmente representantes vivientes y que nos son conocidos tan sólo en estado fósil. Del mismo modo que, de vez en cuando, vemos una ramita perdida que sale de una ramificación baja de un árbol, y que por alguna circunstancia ha sido favorecida y está todavía viva en su punta, también de vez en cuando encontramos un animal, como el Ornithorhynchus o el Lepidosiren, que, hasta cierto punto, enlaza, por sus afinidades, dos grandes ramas de la vida, y que, al parecer, se ha salvado de competencia fatal por haber vivido en sitios protegidos. Así como los brotes, por crecimiento, dan origen a nuevos brotes, y éstos, si son vigorosos, se ramifican y sobrepujan por todos lados a muchas ramas más débiles, así también, a mi parecer, ha ocurrido, mediante generación, en el gran Árbol de la Vida, que con sus ramas muertas y rotas llena la corteza de la tierra, cuya superficie cubre con sus hermosas ramificaciones, siempre en nueva división.

Apéndice 4:

Comparación de los primeros párrafos del capítulo cuarto de OSMNS entre la primera y la quinta ediciones.

Epígrafe:

Primera Edición:

Natural Selection: its power compared with man's selection, its power on characters of trifling importance, its power at all ages and on both sexes. Sexual Selection. On the generality of intercrosses between individuals of the same species. Circumstances favourable and unfavourable to Natural Selection, namely, intercrossing, isolation, number of individuals. Slow action. Extinction caused by Natural Selection. Divergence of Character, related to the diversity of inhabitants of any small area, and to naturalisation. Action of Natural Selection, through Divergence of Character and Extinction, on the descendants from a common parent. Explains the Grouping of all organic beings.

Sexta Edición:

Natural Selection—its power compared with man's selection—its power on characters of trifling importance—its power at all ages and on both sexes— Sexual Selection—On the generality of intercrosses between individuals of the same species—Circumstances favourable and unfavourable to <u>the results</u> of Natural Selection, namely, intercrossing, isolation, number of individuals—Slow action—Extinction caused by Natural

Selection—Divergence of Character, related to the diversity of inhabitants of any small area and to naturalisation—Action of Natural Selection, through Divergence of Character and Extinction, on the descendants from a common parent—Explains the Grouping of all organic beings—Advance in organisation—Low forms preserved—Convergence of character—Indefinite multiplication of species—Summary.

La primera diferencia entre ambas ediciones se encuentra en la sentencia:

Circumstances favourable and unfavourable to Natural Selection, namely, intercrossing, isolation, number of individuals

Que pasa a:

Circumstances favourable and unfavourable to <u>the results</u> of Natural Selection, namely, intercrossing, isolation, number of individuals

La segunda diferencia está en todas estas secciones añadidas al final:

Advance in organisation—Low forms preserved—Convergence of character—Indefinite multiplication of species—Summary.

Primer párrafo:

Primera Edición:

How will the struggle for existence, discussed too briefly in the last chapter, act in regard to variation? Can the principle of selection, which we have seen is so potent in the hands of man, apply in nature? I think we shall see that it can act most effectually. <u>Let it be borne in mind in what an endless number of strange peculiarities our domestic productions, and, in a lesser degree, those under nature, vary; and how strong the hereditary tendency is.</u> Under domestication, it may be truly said that the whole organisation becomes in some degree plastic. Let it be borne in mind how infinitely complex and close-fitting are the mutual relations of all organic beings to each other and to their physical conditions of life. Can it, then, be thought improbable, seeing that variations useful to man have undoubtedly occurred, that other variations useful in some way to each being in the great and complex battle of life, should sometimes occur in the course of thousands of generations? If such do occur, can we doubt (remembering that many more individuals are born than can possibly survive) that individuals having any advantage, however slight, over others, would have the best chance of surviving and of procreating their kind? On the other hand, we may feel sure that any variation in the least degree injurious would be rigidly destroyed. This preservation of favourable variations and <u>the rejection of injurious variations</u>, I call Natural Selection. Variations neither useful nor injurious would not be affected by natural selection, and would be left a fluctuating element, as perhaps we see in the species called polymorphic.

How will the struggle for existence, briefly discussed in the last chapter, act in regard to variation? Can the principle of selection, which we have seen is so potent in the hands of man, apply under nature? I think we shall see that it can act most efficiently. <u>Let the endless number of slight variations and individual differences occurring in our domestic productions, and, in a lesser degree, in those under nature, be borne in mind; as well as the strength of the hereditary tendency</u>. <u>Under domestication, it may truly be said that the whole organisation becomes in some degree plastic. But the variability, which we almost universally meet with in our domestic productions is not directly produced, as Hooker and Asa Gray have well remarked, by man; he can neither originate varieties nor prevent their occurrence; he can only preserve and accumulate such as do occur. Unintentionally he exposes organic beings to new and changing conditions of life, and variability ensues; but similar changes of conditions might and do occur under nature</u>. Let it also be borne in mind how infinitely complex and close-fitting are the mutual relations of all organic beings to each other and to their physical conditions of life; <u>and consequently what infinitely varied diversities of structure might be of use to each being under changing conditions of life</u>. Can it then be thought improbable, seeing that variations useful to man have undoubtedly occurred, that other variations useful in some way to each being in the great and complex battle of life, should occur in the course of many successive generations? If such do occur, can we doubt (remembering that many more individuals are born than can possibly survive) that individuals having any advantage, however slight, over others, would have the best chance of surviving and procreating their kind? On the other hand, we may feel sure that any variation in the least degree injurious would be rigidly destroyed.

This preservation of favourable <u>individual</u> <u>differences</u> and variations, and <u>the destruction of those which are injurious</u>, I have called Natural Selection, <u>or the Survival of the Fittest</u>. Variations neither useful nor injurious would not be affected by natural selection, and would be left either a fluctuating element, as perhaps we see <u>in certain polymorphic species, or would ultimately become fixed, owing to the nature of the organism and the nature of the conditions.</u>

El segundo párrafo de la sexta edición no existe en la primera:

Several writers have misapprehended or objected to the term Natural Selection. Some have even imagined that natural selection induces variability, whereas it implies only the preservation of such variations as arise and are beneficial to the being under its conditions of life. No one objects to agriculturists speaking of the potent effects of man's selection; and in this case the individual differences given by nature, which man for some object selects, must of necessity first occur. Others have objected that the term selection implies conscious choice in the animals which become modified; and it has even been urged that, as plants have no volition, natural selection is not applicable to them! In the literal sense of the word, no doubt, natural selection is a false term; but who ever objected to chemists speaking of the elective affinities of the various elements?—and yet an acid cannot strictly be said to elect the base with which it in preference combines. It has been said that I speak of natural selection as an active power or Deity; but who objects to an author speaking of the attraction of gravity as ruling the movements of the planets? Every one knows what is meant and is implied by such metaphorical expressions; and they are almost necessary for brevity. So again it is difficult to avoid personifying the word Nature; but I mean by nature, only the aggregate action and product of many natural laws, and by laws the sequence of events as ascertained by us. With a little familiarity such superficial objections will be forgotten.

Tercer párrafo:

Primera Edición:

We shall best understand the probable course of natural selection by taking the case of a country undergoing some physical change, for instance, of climate. The proportional numbers of its inhabitants would almost immediately undergo a change, and some species might become extinct. We may conclude, from what we have seen of the intimate and complex manner in which the inhabitants of each country are bound together, that any change in the numerical proportions of some of the inhabitants, independently of the change of climate itself, would most seriously affect many of the others. If the country were open on its borders, new forms would certainly immigrate, and this also would seriously disturb the relations of some of the former inhabitants. Let it be remembered how powerful the influence of a single introduced tree or mammal has been shown to be. But in the case of an island, or of a country partly surrounded by barriers, into which new and better adapted forms could not freely enter, we should then have places in the economy of nature which would assuredly be better filled up, if some of the original inhabitants were in some manner modified; for, had the area been open to immigration, these same places would have been seized on by intruders. In such case, every slight modification, which in the course of ages chanced to arise, and which in any way favoured the individuals of any of the species, by better adapting them to their altered conditions, would tend to be preserved; and natural selection would thus have free scope for the work of improvement.

Sexta Edición:

We shall best understand the probable course of natural selection by taking the case of a country undergoing some slight physical change, for instance, of climate. The proportional numbers of its inhabitants will almost immediately undergo a change, and some species will probably become extinct. We may conclude, from what we have seen of the intimate and complex manner in which the inhabitants of each country are bound together, that any change in the numerical proportions of the inhabitants, independently of the change of climate itself, would seriously affect the others. If the country were open on its borders, new forms would certainly immigrate, and this would likewise seriously disturb the relations of some of the former inhabitants. Let it be remembered how powerful the influence of a single introduced tree or mammal has been shown to be. But in the case of an island, or of a country partly surrounded by barriers, into which new and better adapted forms could not freely enter, we should then have places in the economy of nature which would assuredly be better filled up if some of the original inhabitants were in some manner modified; for, had the area been open to immigration, these same places would have been seized on by intruders. In such <u>cases, slight</u> modifications, which in any way favoured the individuals of any species, by better adapting them to their altered conditions, would tend to be preserved; and natural selection would have free scope for the work of improvement.

Cuarto párrafo:

Primera Edición:

We have reason to believe, as <u>stated</u> in the first chapter, that <u>a change</u> in the conditions of life, <u>by specially acting on the reproductive system, causes or increases variability</u>; and in the foregoing <u>case</u> the conditions <u>of life are supposed to have undergone a change</u>, and this would manifestly be favourable to natural selection, by <u>giving</u> a better chance of profitable variations <u>occurring</u>; and <u>unless profitable variations do occur</u>, natural selection can do nothing. <u>Not that, as I believe, any extreme amount of variability is necessary</u>; as man can certainly produce great results by adding up in any given direction mere individual differences, so could <u>Nature</u>, but far more easily, from having incomparably longer time <u>at her disposal</u>. Nor do I believe that any great physical change, as of climate, or any unusual degree of isolation to check immigration, is actually necessary to <u>produce</u> new and unoccupied places <u>for natural selection to fill up by modifying and improving some of the varying inhabitants</u>. For as all the inhabitants of each country are struggling together with nicely balanced forces, extremely slight modifications in the structure or habits of one inhabitant would often give it an advantage over others; and still further modifications of the same kind would often still further increase the advantage. No country can be named in which all the native inhabitants are now so perfectly adapted to each other and to the physical conditions under which they live, that none of them could anyhow be improved; for in all countries, the natives have been so far conquered by naturalised productions, that they have allowed foreigners to take firm possession of the land. And as foreigners have thus everywhere beaten some of the natives, we may safely conclude that the natives might have been modified with advantage, so as to have better resisted such intruders.

Sexta Edición:

We have good reason to believe, as shown in the first chapter, that changes in the conditions of life give a tendency to increased variability; and in the foregoing cases the conditions the changed, and this would manifestly be favourable to natural selection, by affording a better chance of the occurrence of profitable variations. Unless such occur, natural selection can do nothing. Under the term of "variations," it must never be forgotten that mere individual differences are included. As man can produce a great result with his domestic animals and plants by adding up in any given direction individual differences, so could natural selection, but far more easily from having incomparably longer time for action. Nor do I believe that any great physical change, as of climate, or any unusual degree of isolation, to check immigration, is necessary in order <u>that</u> new and unoccupied places should be left <u>for natural selection to fill up by improving some of the varying inhabitants</u>. For as all the inhabitants of each country are struggling together with nicely balanced forces, extremely slight modifications in the structure or habits of one species would often give it an advantage over others; and still further modifications of the same kind would often still further increase the advantage<u>, as long as the species continued under the same conditions of life and profited by similar means of subsistence and defence</u>. No country can be named in which all the native inhabitants are now so perfectly adapted to each other and to the physical conditions under which they live, that none of them could be still better adapted or improved; for in all countries, the natives have been so far conquered by naturalised productions that they have allowed some foreigners to take firm possession of the land. And as foreigners have thus in every country beaten some of the natives, we may safely conclude that the natives might have been modified with advantage, so as to have better resisted the intruders.

Interesante el cambio de nature a natural selection.

9 780692 443118